JN078386

\そういうことだったのか！/

高校

中学までは数学が得意だったのに、
なぜ高校で苦手になってしまうのか？

数学

石原 泉
Ishihara Izumi

日本実業出版社

はじめに

　この本は、「高校数学で落ちこぼれてしまった」と思われている方に、今苦しんでいる気持ち、あのときの苦い思い、そのときに生まれてしまったマイナスの感情の原因が「そういうことだったのか！」と知ってもらえたらと思い、執筆しました。

「中学までは数学は得意だと思っていたのに……。なぜ、高校から数学がわからなくなってしまったんだろう？」

　私のまわりには、高校生や浪人生だけでなく、大人をふくめてこんな気持ちを持っている人が、思っていたよりもはるかに多くいることがわかりました。

　大人になって、社会人になって、数学の話をすることはめったになくなりました。しかし、何かのはずみに「私って、中学までは数学ができて頭がいいと思っていたの。でも高校で落ちこぼれちゃった」とカミングアウトされる方が少なくなかったのです。

　それは、私が高校で数学を教えていると知っている方からとくによく聞くフレーズでした。そして、「高校数学ができなかった」という思いが、大人になった今でも本人の心の傷となってまだ癒されていないような印象を受けることが多かったのです。

　そのため、この本は次のような人のために書きました。

・現役生、浪人生をふくめて数学を再度やり直したい人
・数学にコンプレックスを抱いたまま大人になって、数学をもう一度やり直したい人

本を書こうと思ったのは、あるとき突然、こんなメールが届いたことがきっかけです。

　　自分は高校に入って数学で落ちこぼれました。中学までは、むしろ数学は得意なくらいなほうだったのですが、高校数学になり急にわからなくなって……。その結果、もちろん文系まっしぐらで大学に。そして数学にコンプレックスを抱いたまま大人になって、今にいたります。「数学コンプレックス」は、数学を学ぶ必要がない社会人になった今も根深く残っています。

　　同僚にも、同じように高校に入って数学で落ちこぼれて、やむをえず文系になった人というのは少なくないです。きっと世の中には、そうした大人はたくさんいるはずです。何より今、数学を勉強している高校生や浪人生にも、自分のようなふうになってほしくない気持ちがあります。

　　だから、数学で落ちこぼれた人のためのものすごくわかりやすい高校数学の本をつくりたいと、書籍の編集者としてずっと思っていました。

　　そんなとき、偶然見た石原さんのブログの「数学をあきらめた人」という言葉が、まさに自分のことだと思い、とても心に響きました。ぜひ高校数学の本を書いていただけないでしょうか。
※実際には、ほかにも熱い思いがたくさん書かれていました

私は長年、学校や塾で数学を教えていて、またＺ会で東大や京大コースの数学の添削を担当していたこともあり、数学の得意な子と、苦手な子の二極化はずっと気になっていたことの１つでした。

　私自身も、かつては数学が得意だとは言い難かった生徒の１人でもあったので、このメールで書かれていることは他人事ではなく、よくわかりました。だから、いつかは数学の本を書きたいという思いがありました。

　そうして、高校時代に数学で落ちこぼれ、以来、数学に対するコンプレックスを抱き続けている書籍の編集者と、数学をあきらめる人をなんとかしたいという私の思いが、偶然にも重なったことがきっかけで生まれたのが、この本です。

　ところで、何かを学ぶ際に、「わかる」と「できる」のあいだには壁があります。

　ただし、たとえば日本史なら、歴史上の出来事を覚えて理解さえすれば、わかって、できるようになった状態に限りなく近くなります。

　しかし、数学はそうはいきません。「わかる」から「できる」のあいだに、たくさん問題を解くという練習が必要になります。数学は、そうやって練習して「できる」ようになるものです。

　けれども、数学はそもそも問題で何を聞いているのかさえわからないと、すると練習もしない、だから、できるようにならない、というケースが私のこれまでの指導経験でもかなりあります。これは数学をあきらめる人の典型的なパターンです。

　そこで、まず「わかる」の前に大きく立ちはだかる壁を取り除いた

ら、数学で落ちこぼれる人たちを救うことができるのではないかと思いました。

　本の制作過程で、数学で落ちこぼれて今もコンプレックスを抱き続けている担当編集者に、「いったい何がわからないのですか？」と聞くと、「仮に高校数学が競技やゲームの１つだとすると、ルールもわからないし、どうしたら勝ちになるのかもわかりません」とのことでした。

　この本では、「高校数学」とは、どんなルールの競技やゲームで、どうしたらクリアできるのかということを中心にまとめました。

　範囲は、数学Ⅰ、数学Ⅱ、数学Ⅲ、数学Ａ、数学Ｂから、とくに高校数学でつまずきやすい単元をピックアップしています。

　そしてこの本のゴールは、今、高校生ならば「そういうことか！」と学校の数学の授業がわかるようになることです。現在、大人の人ならば「あのとき、こんなことをやっていたのか！」と文字通りタイトルにもある「そういうことだったのか！」と数学がわかることです。

「それだったら自分もできたなぁ」「今なら、もっとわかるんじゃないか」「数学の単元のとらえ方や言い回しのとらえ方がずれていただけだったんだ」。いわば、「数学独特の考え方を翻訳しようという意識がなかっただけだったんだ。自分だけが悪かったわけじゃなかったんだ」と、この本を読んで気づいてもらえたら、著者としてこれ以上の喜びはありません。

石原　泉

そういうことだったのか！
高校数学

中学までは数学が得意だったのに、
なぜ高校で苦手になってしまうのか？

Contents

第1章
なぜ、高校に入って
数学で落ちこぼれてしまうのか？

第 2 章
高校数学では、どんなことを習うのか確認してみよう

Contents

第4章
「問題の背景」が
わかると解ける

第5章
高校数学って
「そういうことだったのか!」

イラスト
大野文彰

ブックデザイン
金井久幸
（TwoThree）

DTP
ダーツ

企画協力
遠藤励起　岩谷洋昌

いずみ先生

現在、高校や塾で数学を教えている。また中学校の数学の先生の経験や、難関大に強いＺ会の東大・京大理系コースの添削者として15年間、数学が苦手な子、得意な子をこれまで30000人以上指導してきた。問題を「翻訳」する正答へのアプローチや、より具体的な例でかみ砕いた解説に定評がある。子どもたちにも独自の理論を教えた結果、長男は京都大学、次男は東北大学に進学。大学受験のバイブル「赤本」の執筆をしていたことも。

編集者Ｋ

中学までは数学が得意だった（つもり）が、高校に入ってさっぱりわからなくなる。数Ⅰ、数Ⅱと進むごとに、サイン、コサインをはじめ外国語のようにしか思えず、どんどん階段を転げ落ちる。落ちこぼれた結果、理系という選択肢は消え、文系まっしぐらで大学に。その後、「数学コンプレックス」は出版社に入って書籍の編集者になってからも抱き続ける。いずみ先生のブログの「数学であきらめた人」という言葉に共感し、本の執筆を依頼する。

高校数学で習う2次関数、微分・積分、ベクトルなどの言葉自体は聞いたことがありますが、そもそも何のことかまったくわからないレベルで……。そんな人でも大丈夫でしょうか？

大丈夫です！「なんで、つまずいたのか？」という原因を突きとめ、「高校数学では、どんなことを学ぶのか」をおさらいしながら、「つまずきやすいところ」を押さえ、そして最後には「そういうことだったのか！」と思っていただけるようにこれから教えていきますね

第 1 章

なぜ、高校に入って数学で落ちこぼれてしまうのか？

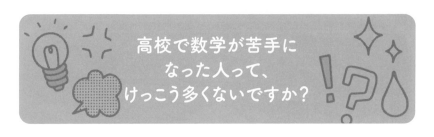

なぜ、高校数学でわからなくなるのか？

まず、「なぜ、高校に入って数学で落ちこぼれてしまうのか？」ということについてです。おそらく、そうなってしまった人は、日本に何百万人といると思うんです。そして、自分もそうなんですが、中学までは数学が得意だったのに、高校で苦手になってしまうという人もけっこういるはずです。

高校数学は、具体例がなくて定義から記されているものが多いんです。高校数学の教科書を思い出してください。新しい概念もどんどん出てきます。わからない記号とかわからない式の羅列が目に入った時点で、「え、何いってるの？」となって、それを考えているうちに置いていかれる。そういう人は多いと思います。

たしかに、よくわからない記号の羅列みたいに見えていました。小学校の算数や中学の数学までは「Ａくんは時速何kmで歩いて……」というような現実と結びついていることが多かったんですよね。

中学までは具体的にイメージできるものが多いです。問題文を読めば解き方が直感的にわかる、つまり足し算、引き算、かけ算、割り算をすればいいか判断できるものが多かったです。

中学校の数学までだと、図形とかでも、見たことがある形でした。

そうですよね。中学数学はおなじみの正方形とか長方形、台形、平行四辺形、円とかをもうちょっと詳しくやっていきましょうみたいな感じになっていますよね。

あと、「中学までは数学ができた」という点でいえば、中学までの数学は計算すればできたとか、問題をその通り解けばできた気がします。

中学数学でも、文字式や関数のグラフが出てきましたが、まだ問題文を読めば何をすればよいかがわかりました。けれども高校数学になると、だんだん「数学独特な言い回しの問題」や「思考力を問われる問題」**が多くなってきます。**

それに中学数学あたりまでは、教科書に載っている例題とテストの問題の差はそれほどなかったのですが、高校数学のテストはもうちんぷんかんぷん。

そうですね。とくに教科書の例題と大学入試レベルの差**はかなりありますね。**

そうならば高１の数学の最初の授業で、「中学の数学とは全然ちがうんだよ」といってほしかったです。同じアスレチックコースに行くとしても、全体像と地図を示したうえで、ここのアスレチックコースはここがこんなに大変でといわれてから行くの

と、いきなり放り込まれるのとではちがうと思います。

そうかもしれないですね。高校数学は中学数学と比べて抽象度が格段に高くなるんです。

そうなんですね。最初に「高校数学というのはこういうものだから、こうやろうね」みたいな説明があったら、また取り組み方もちがっていたかもしれません。別に甘い、優しい情報だけじゃなくて、大変なこととかもふくめて、最初に教えてくれたら……というのはありますね。

▶高校数学は中学数学と比べて抽象度が格段に高くなる

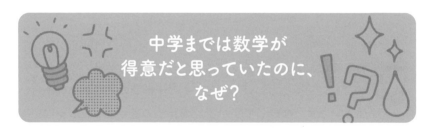

中学までは数学が
得意だと思っていたのに、
なぜ？

高校数学は「考える」教科

 高校数学が得意な生徒ってどんなタイプでしょう？

 まず中学で数学が得意だと思ってるケースには「解けるから得意」だと思う生徒と、「考えるのが面白いから得意」だと思っている生徒がいるようです。

 自分は「解けるから得意」だと思っていて、その結果、中学までは数学が好きだった気がします。でも、高校数学になって数学が嫌いになりました。

 高校数学は、解けるのはもちろんのこと「考えるのが面白い」という生徒でないと、なかなかついていけないかもしれないですね。

 では、「考えるのが面白い」というのは、これまでいずみ先生がＺ会や中学、高校、予備校で教えているなかで、どんな生徒だったりするんですか？

 こちらが提案していないようなちがうやり方を自ら考えはじめる。極端にいえば自分の世界に行ってしまうような生徒です。

17

たとえば、Aという答えがあったら、教科書に書いてある1つのアプローチでもいけるけど、その子は別のアプローチからいくというような感じですか？　ちょっと負け惜しみじゃないですけど、自分も「数学が好き」の要素もあるかなと思ったのが、けっこう納得いかないと進めないというか。数学が好きな子はそういうところがあったりしますか？

ありますね。納得いかない生徒は「わからない」とか「そこはどうなってるの？」と積極的にたずねてきますので。

ただ、僕は納得いかないのを、納得いくまでやればよかったんですけど、納得いかないままギブアップして手を上げてしまったんですよね。だから、どんどんわからないことが溜まっていって、もっとわからなくなっちゃったんでしょうね。

でも……それは本人のせいだけでもないんじゃないかなと思います。納得いかないなか、教えている先生が頭がよすぎて、そこに気づけず話していたら、たぶん噛み合わないので。

自分がそうだったのですが、最終的にもう「何がわからないかがわからない」状態でした。

▶**高校数学は「考える」要素が格段に多くなる**

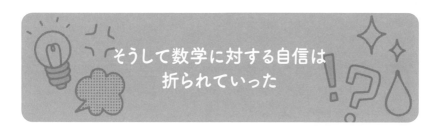

そうして数学に対する自信は
折られていった

高校数学は、感覚的な重さは中学数学の5倍

「中学数学」と「高校数学」はちがうものというのはドロップアウトした時点でなんとなく感じて、それまであった数学に対する自信が折られるというか、そのショックも大きいと思うんですよね。自分では「できる」と思ってたことが、「できない」ということを自覚したというか。

わかります。わたしも得意だったわけではないので。まず原因の1つは、同じ3年間でも高校数学は学習する量が多く、質も高く、スピードも速くなることです。量でいうと高校数学の教科書の厚さは中学数学の2～3倍あります。しかも教科書の1ページに書かれている内容が高度なのでスラスラと読み進められません。したがって、感覚的な重さでいえば高校数学は中学数学の5倍くらいかもしれません。
中学までの数学が得意だと思っている生徒のなかには、勉強しなくてもできると思っていた生徒たちが一定数います。そういう生徒は、授業を聞いているだけで理解できていた。しかし、それまでに何をすればよいのかストレートにはわからない問題に取り組むという経験がなかったから、高校数学になって何が起こっているのかわからないまま「おかしいな!?」という感じになっていくといえそうです。

その負のスパイラルは、自分がそうだったのでわかります。それにしても高校数学で学ぶ量は、中学数学の5倍くらいのイメージなんですね。

あくまでイメージですが、それくらいで臨んだほうが、メンタル的にはいいかもしれないです。

せめて、そのことだけでも最初にいってほしかったです。高校に入った時点で「中学数学は5倍あるから覚悟して」と。

そうですよね。「これだけやるんだから、今までよりも習熟するための時間も必要だよ」という心構えや緊張感を伝えることは大事ですね。

「(高校数学という)これから行く道はこんなに壮大で険しい道だよ」と、ある意味いってくれたほうが心構えはできますよね。しかも、自分は数学が得意だと思っていたから、いけるだろうと思っていたのに、気づいたらどんどん「数学という森」に迷い込んじゃったんですね。

高校数学は、中学数学とは別の競技

誤解を恐れずにいうと、中学校のときの数学の成績が（5段階で）4か5じゃないと、高校数学は厳しいのではと思います。

わかりやすいたとえです。ただ、僕は中学のときに数学は4か5はあったんですが、それでもできなかった。いってみれば、高

校数学はあいだがなくて「できる」と「できない」で大きく分かれちゃうような気がしました。そして「高校数学」というのは「中学数学」とは別の競技のようなものだと。まず「高校数学」という競技の概要をちゃんと知ってから臨んだら、またちがったかもしれないと思います。

「中学数学と高校数学は、大げさにいうと、まるっきりちがうと感じるかも」と伝えてあげることはある意味、親切かもしれないですね。中学校の調子のままだと、得意な人でも大変かもしれないから覚悟してね、みたいなニュアンスを込めて。

同じ「登山」でも、軽装で登れる山もあるけれど、冬山はちゃんと重装備じゃないとダメというように。

高校数学という山は「そこに山があるから」登るよりは、「山をなめてはいけない」という感じに近いかもしれないですね。

▶高校数学は中学数学よりも学ぶ量が多く、スピードも速い

もう呪文にしか聞こえなかった 「サイン、コサイン、タンジェント」

数学ができないと選択肢は文系のみ

自分のまわりにいる優秀な大学を出た人、たとえば早慶とかMARCHとか、国立大学を出た人でも、本当は理系に行きたいと思っていたけれど、高校で数学についていけなくて文系に変えた人はけっこういます。

わたしのまわりでも、三角比のサイン、コサイン、タンジェントというところから意味がわからなくなって落ちこぼれましたとおっしゃる方が少なくありません。

僕もサイン、コサイン、タンジェント、わからなかったです。言葉くらいしか覚えてないです。理系と文系というのは、ある意味人生のレバーみたいなもので、どちらに行くかで人生がけっこう変わると思うんですね。それこそお医者さんになりたいとか、エンジニアになりたいとか、研究者になりたいとかいう夢は、理系に進めなかった時点で閉ざされてしまう。
数学って1つの教科のわりに、その先の進路に与える影響力がけっこう大きい。数学は日本史や公民とかよりも大きく運命を握っています。

そうかもしれないですね。もし将来、研究者になりたいなと思っていたとしたら、数学ができないと厳しいですね。

今、国立大学の入試でも試験科目に数学なしもあるみたいですが、やはり数学ありが多いですもんね。逆に数学が得意だったら、武器になるんですかね。

 武器になると思います。私は逆に暗記科目が苦手だったので、数学は覚えることが少ないから好き、というところがありました。

数学は問題を解く道具を選べないとできない

 数学は覚えることが少ないというのは、どういうことなんですか？

 公式があったとしても最低限覚えればよくて、あとは公式から導き出せるから全部覚えてなくても大丈夫ということです。

 公式は覚えなきゃいけないけれど、公式さえ覚えればいいみたいな感じなんですか？

 いいえ、そうではないです。高校数学は中学数学までのように公式に数字を入れて条件反射的に求めるだけ……というものが少なくなります。「これをやったら何が出て、どの状態になったのか？」というのが自分で理解できないと、どの公式を使ってよいのかも判断できないんです。覚えているだけでは対応できません。

 すごく関心があるんですけど、それはどういうことなんですか？

たとえば、木を切るのに斧は適しているが、金槌では厳しいというようなイメージです。中学校に入って数学でつまずく生徒のなかには、「じゃあ、この問題は？」と聞くと、「引けばいい！」という……。私が「うーん、そうかなあ？」というと、「じゃあ足せばいい？？」とか「かければいい！」とか、ちがったら＋か－か÷か×の４つのどれかをやっておけばいいみたいなことで乗り切ったと思っている生徒がいます。でも、その生徒は解き方を自分で理解しているわけではないんです。

 それって、ロールプレイングゲームでいうと、剣とか斧とか道具はそろえることはできるけど、どの場面にどの道具がいるというのが、自分で判断がつかないということですかね。

 そう、「道具をそろえる＝覚える」ですが、そろえたあとに、どんなときにどんな道具を使うかが大事です。つまり、そろえた道具を「選べる」かが大事なんですよね。そのためには、問題の成り立ちというか、問題が何を聞いているかがストレートに書かれてないものを斟酌する練習が必要です。
ストレートに聞いてくれる問題には、どの生徒も対応できます。よく知られている『チャート式』とかでも、Ａ問題はストレートに「この公式を使って正しく計算ができるかどうか」というようなものがあるので、その公式を利用すれば答えが出ます。しかし、『チャート式』のＢ問題や大学の入試問題では、答えにアプローチするために、自分で考えながら公式を利用して解きます。「こうしたらいいですよ」「この公式を使いなさい」ということをストレートにいってくれなくなってるのが高校の数学の問題の出し方といえるかもしれません。

それ、なんかわかります。中学校のときは、「こうやったらいい」というのが問題を見てわかるんです。高校数学は、そもそも問題自体がわからないということさえもありますもんね。

ポイント！

▶ **高校数学は、問題文を読んで何をすればよいかがストレートにわからないことも多い**

数学で落ちこぼれる 負のスパイラルは メンタル面も大きい

できないのは自分だけが悪いわけじゃない!?

数学で落ちこぼれる負のスパイラルとして、「できない自分が悪い」と思いがちということもあると思います。僕もそうですけど、ついていけなかった自分、理解できない自分はひょっとすると頭が悪いんじゃないかと。

と思いがちですよね。それって、不要なコンプレックスを自分で持つみたいな感じですよね。

えっ!? 必ずしも自分だけが悪いわけじゃないんですか?

自分だけが悪いわけではないと私は思ってます。

もちろん努力していなかったり、怠けていたり、サボっていたりしたら?

それは、そう（＝自分が悪い）ですね。

でも、がんばっていても、できないようなケースもありますか?

がんばってやっているのにできないという生徒はいます。おそらく、それはやり方が悪いのだと思います。

正しい努力は「問題の背景」をつかむこと

よくビジネス書にも書いてありますけど、努力する方向がちがうとか？

そうです。「問題集をこれだけ解いたのにできるようになりません」という生徒がいます。しかし「この公式を使いなさい」と示されている問題を10回解いたとしても、「こうしなさい」といわれた問題しか当然解けないわけです。

一方、問題自体が何をたずねているのかを理解しようとする練習を積めば、ほかの問題でも解けるようになります。しかし、「問題がたずねていること」をつかむ前に、やり方自体を覚えようとしてしまう生徒が多くて。簡単にいうと、解法を暗記しようとするという感じですかね。

解法を暗記する？

そう、解法を暗記する。わからないけれど解法を暗記している場合、数字が変化した問題しか対処できません。言い回しが変わったときに、「結局、何を聞かれているのだろう？」という「問題の背景」を理解しようとせず、中学までの取り組み方のまま条件反射的に取り組もうとしてしまうためです。

「問題の背景」というと、どういうことなんですか？

「この問題って、こういうことを習ったけれど、それはわかっているかな？」とか、「こういう意味でとらえられているかな？」

ということを確認するのを「背景」といって伝えています。予備校での講義やＺ会での添削の際、私は「この問題は何がいいたいんだろう？」ということを常に意識していたために「背景」という言葉を使うようになりました。

「問題の背景」なんて考えていなかったです。これももっと早く教えてほしかったです。

「問題の背景」とは、いわば「この問題は、こういうことを聞きたいから、こういう出し方をしている」というようなことですね。「問題が出される背景」までを考える習慣がない生徒は、高校数学を解くのは厳しいと思います。

「問題の背景」を理解すると、だんだん生徒も「この問題は、そういうことを聞いているのか！」とか「この問題は、こんなふうに聞かれてそうだな」とか「そういうところがキモなんだな！」とつかめてくるようになります。そうすると、新しい問題でも自分で解くための切り口を見つけられるようになる。問題の見方が変わってきます。

問題の見方が変わる？

「式（抽象性が高い）」と「グラフの図示（具体性）」との関わりや、問題のとらえ方の引き出しが増えてくるため、浅い理解から深い理解に変化していくような感じです。

その結果、問題文のなかにヒントが散りばめられているというのも見えてくる。教える側からも問題の「背景」を伝えてあげることで、生徒が問題を見たときに、理解を深めつつ「きっと、

こういうことを聞いてるんじゃないだろうか」という勘が鋭く
なってきます。

「問題の背景」がわかれば、超天才でなくても高校数学を解ける
ということですね。

そうですね。そうやって「問題の背景」をつかんで解く練習を
繰り返す。「そういうことなんだ！」とわかったら、そこから1
人でどんどん取り組めるようになると思います。それまでは教
える側も「ここに書かれていることは、こういうことをいって
いるよ」ということを意識して伝えてあげることが大事かなと
思います。

問題の「背景」や「意図」とかをですか？

中学の数学までは、問題文で何を聞いているのかがストレート
にわかりやすいものが大多数でした。しかし、問題の「背景」
や「意図」を意識して考える作業が習慣になっていないと、高
校に入って「いったい、何を聞いているの？」という感じにな
ってしまう生徒が一定数いるからです。

高校数学は計算力だけでは太刀打ちできない

自分が中学まで数学が得意だと誤解していたというところにも
つながるのですが、中学までは計算が得意だからイケてると思
っていたのが、高校数学は単純に計算力だけじゃないってこと
なんですね。

計算力は絶対に必要です。しかし、それだけ磨いたとしても、おそらく高校数学は厳しいです。計算力だけでいけるのは……中学数学が限界なのかもしれませんね。中学数学はあんまりわかっていなくても、計算ができて、あれこれやっているうちに答えが出るということもあったのかもしれないからです。

ポイント！

▶高校数学は問題の「背景」や「意図」を意識すること

中学数学と高校数学のちがい

意外と数学は現実で使えることも多い

 計算力だけではダメだとしたら、高校数学から必要になるのは、たとえば推理する力とか、論理力とかですか？

 そうともいえるかもしれないですね。Z会の添削基準は、矛盾がなければ〇です。添削者には何種類か解答例が提示されますが、そのどれでもない解答を作成してくる生徒もいます。そのときの判断基準は、記されていることに矛盾がなく解答まで到達できていたらどんな方法でもいい、というものです。

 それって、「論理力」かもしれないですね。高校数学というのは、計算だけの世界とはまたちがう論理的な世界ですね。これって物事を説明するときにも、使いますよね。「計算力」だけでなく「論理力」も必要になるということでしょうか？

 「計算力」と「論理力」は両輪ですね。

 数学を通して学ぶ「論理力」もじっくりやれば、どんどん楽しくなりそうな気はしてきました。数学であった「必要条件」や「十分条件」というのも、仕事で、たとえばコンサルティングとかでも使うと思います。数学的な頭の使い方ができれば、筋道を立ててものごとを考えることができそうです。

自分の考えていることを人に説明するときに、情熱だけで話しても伝わりません。論理的というのは、コミュニケーションをするうえでも必要だと思います。

 感情も大事ですけど、論理的に矛盾がないというのも重要ですね。それに「証明」の問題でも「こうして、こうなって」と考えるのは、推理と思えばちょっと楽しいかもしれないです。

 推理しながら、楽しむという視点は、学ぶうえでも大事です。

 自分が高校数学でドロップアウトした側だからかもしれないのですが、高校数学は数学者が行くような世界で、山でいえばだんだんエベレストみたいに思えちゃったんです。教える立場からすると、高校数学はちゃんと登り方さえわかれば登れる山ですか？　それとも天才数学者たちの住むような世界？

 そこまで特別な世界ではないと思います。

 そうなんですね。なんだかわかったのが、高卒でプロ野球に行くと、大谷選手のように即戦力で活躍する人もたまにいますけど、だいたいは足腰を鍛えたりして体をつくって、3、4年して1軍に上がっています。高校数学もなじんでから行けばいいんですけど、体ができてないなか、いきなりプロ（高校数学）に行くから、できない。数学は高校の教科の1つなので、プロ野球のたとえは、大げさかもしれないですが。

そこまでレベル感のちがいがあるかどうかかはさておき、ストレートにわからないところを、Aを聞かれているということはBを考えればよく、Bを考えるにはCを考えればいけるのではないかというように論理的に考える。そうすると、高校でも落ちこぼれずいけると思います。

 そうやって論理的に考えられると、中学数学と高校数学をつなぐ道もできるという感じですか？

 そうともいえるかもしれないですね。

 たぶん、中学数学と高校数学をつなぐ道を自分で考えてできちゃう人もいるんでしょうね。やはり実感として、自分にとっては中学数学と高校数学はアマチュアとプロくらいの差はあると思うんです。中学数学までは音楽でいえば「きらきら星」だったんです。しかし高校数学は、急に同じモーツァルトの作曲でもすごい複雑な交響曲何番みたいな。

 なるほど、音楽でも使う音符とかは同じでも、「きらきら星」と「交響曲」では難易度がちがいますね。そこまでの差があるかは別にしても、高校数学で抽象度が上がり、難易度も上がるということは確実にいえますね。

ポイント！

▶高校数学では「計算力」と「論理力」が両輪

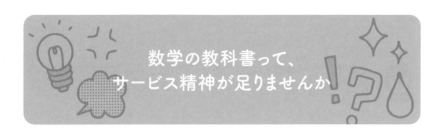

数学の教科書って、サービス精神が足りませんか！？

教科書は、最低限の定理が淡々と記されている

さらに思うのが高校数学の教科書を読んでいても、まったく解ける気がしなかったことです……。

教科書はガイドブックではないので、「どうやったら問題が解けるのか」は書いてありません。言葉の定義や、最低限の定理が淡々と記されているような感じです。ただ、さきほどのプロ野球の高卒の選手の基礎体力の話ではないですが、もともと努力するつもりもあって、やる気もあるとしたら、教科書に書いてあることを着実に習得していけば、やり方しだいで復活できることはあると思います。

そこは先生の教え方とかも？

教え方というか、その生徒に不足している点を指摘し、補ってあげられれば、どの生徒も伸びるんじゃないですかね。自分は数学が苦手だというコンプレックスを持つ生徒は減り、数学の授業が「スリーピングタイム（寝る時間）」になるのは、なくなるのかなと。

僕も数学はだんだん寝る時間になってしまいました。英語よりも何をいってるかわからなかったです（苦笑）。

わからないから、寝てしまう。寝てしまうから、もっとわからなくなる。ああ～、こうして、さらにわからなくなってしまったんですね。

授業を1回休むと、知らない登場人物が

数学の授業を1回欠席したら、次の授業でいきなり新しい登場人物が出てきた、なんてことも苦手になった原因の1つです。ドラマでもありますよね。ある回を見逃してしまい、それでも流して見れる人物と、この人が抜けたらまったく展開がわからない人物が。数学で習うことも、そういう感じなんですかね？

そうですね。その登場人物が新しく習う単元や用語、記号の場合、知らなかったら話にはついていけませんね。たとえば、2次関数をよく理解していないまま2次不等式の単元に入ったらよくわからなくなるはずです。

数学で習うことは、道具として全部そろえておかないといけないんですかね？

はい。新しい概念や用語、記号は覚えていかないと意味がわからなくなります。

教科書って、どんな構成なんですか？

ところで、学校の教科書って、すごくやさしくできることから、どんどん難易度が上がるようになっているんですか？

単元ごとに構成されています。難易度が上がるというよりは、新しい概念を学習して積み上げていくイメージです。

そうなんですね。どんどんレベルが上がって、だんだん覚えていく感じになって、そうやって自信がついていければいいのに。教科書っていきなりこのルールで、こうだからこうやってください、みたいなイメージです。

高校数学ではどんどん新しい概念が出てくるので、どうしてもそのルールに慣れて習熟することが必要になってきます。

高校時代、その新しい概念についていけなかったので、いきなり急にプールに投げ込まれて「泳いでください」みたいな感じに思えました。では、単元の学ぶ順番というのは考えられているんですかね？

考えられてると思います。数学Ⅰと数学Aのあとに数学Ⅱと数学Bを学習します。別の単元ですでに習ったことが新しい単元の理解に役立つことはもちろんあります。代数と幾何という分け方もありますので一概に順番はどうとは決まっていないようです。

たぶん、数学の使う道具（単元）の習熟度は学ぶ順番によってもちがうと思うんですよね。たとえば、１次関数を学んだうえでないと解けないとか、いろいろあると思うんです。

もちろん、教科書は習った考え方を使って学習していけるように配慮されていますよ。「数と式」も、最初は中学校ですでに習ったところの拡張になっています。だから、数Ⅰと数Ａまでは、まだ中学校の延長っぽいですね。そのあとに学ぶ「集合と論理」のところはちょっと抽象度が高くなります。

では次の章で、高校数学ではどんなことを学ぶのか、あらためて見ていきましょう。

▶高校数学では新しい概念、新しい用語、新しい記号がどんどん出てくるので、それらを覚えていないとわからなくなりやすい

第 2 章

高校数学では、どんなことを習うのか確認してみよう

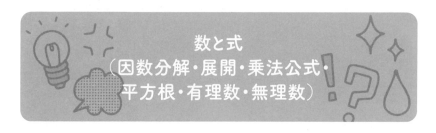

数と式
（因数分解・展開・乗法公式・
平方根・有理数・無理数）

高校数学ではどんなことを習うのか、おさらいも兼ねて教科書を見ながら、それぞれの単元で学ぶことをダイジェスト的に確認していきますね。気になるところは、どんどん質問します。

はい。単元ごとに「これって、こういうことです」と、できるだけ「目的」と「ゴール」を中心にかいつまんで説明していきますね。

まず、いきなり読み方がわからないんですけど。決して、できない生徒役を演じているわけではないのですが「数（かず）と式」と読むんですか？

「数（すう）と式」と読みます。でも「かず」でも、どちらでもいいと思います。

因数分解

因数分解は、x の2乗とか入った式を2つの式にしたりするやつでしたっけ？

そうです。式を因数の積（かけ算）の形に直します。因数というのは、式や数字をかけ算の形であらわした数字や数式のかたまりのことです。コツは共通の因数でくくり出すことです。

たとえば、$3x+12y=3(x+4y)$ の場合、3 や $x+4y$ が因数です。
$x^2-5x+6=(x-2)(x-3)$ の場合、$x-2$ や $x-3$ が因数です。

展開

「展開」って、なんですか？

カッコのあるかけ算などで、文字が入っている式の計算のしかたをいいます。
たとえば、$a(b+c)=ab+ac$ や $(a+b)(c+d)=ac+ad+bc+bd$ というのがそうです。

$$a(b+c)=ab+ac$$
$$(a+b)(c+d)=ac+ad+bc+bd$$

乗法公式

「乗法公式」って、なんですか？

式を展開するときの代表的な公式です。中学で学習しました。

$$(a+b)^2=a^2+2ab+b^2$$
$$(a+b)(a-b)=a^2-b^2$$
$$(x+a)(x+b)=x^2+(a+b)x+ab$$

平方根

「平方根」って　$\sqrt{}$（ルート）がつくやつですか？

はい。$\sqrt{}$（ルート）は「根号」といいます。たとえば$\sqrt{2}$とか
$\sqrt{3}$などがそうです。2乗して$\sqrt{}$（根号）の中に入る数字になる
数のことをいいます。$\sqrt{2}$は2の平方根です。ただし、根号を使
わないであらわせる数は使わないで答えます。たとえば、4は
16の平方根というようにです。

$$\sqrt{2}, \sqrt{3}$$

有理数・無理数

「有理数・無理数」って、なんですか？

有理数は分数の形（m/n ※mは整数、nは0でない整数）であ
らわすことのできる数のことです。無理数は$\sqrt{2}$とか$\sqrt{5}$とか、π
（パイ）など分数の形であらわせない数のことです。

```
――――― 有理数 ―――――
分数 m/n の形であらわせる数

―― 無理数（分数の形であらわせない数）――
√2, √5, π（パイ）
```

この単元「数と式」は何をやるところですか？

 文字式の計算や方程式や不等式を解いていく単元です。文字式の計算は、数字だけではなく、文字と数字が混合したものが答えになります。たとえば、$10x+7y-3(4x-5)=-2x+7y+15$ というような計算をします。この計算は中学校でもやっていますね。

▶「数と式」は定義の理解と計算力が重要

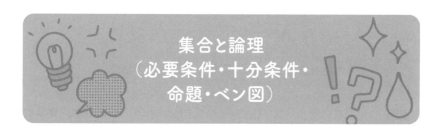

集合と論理
（必要条件・十分条件・
命題・ベン図）

必要条件・十分条件

「必要条件」は、数学じゃなくても聞く言葉ですが、数学的には
どんな意味なんですか？

「必要条件」とは、あるものごとが成立するためになくてはならない条件のことをいいます。問題を解いていくときは、その問題の必要条件を考えて解いていきます。

たとえば、人間は哺乳類に入っているので、「哺乳類は人間の必要条件である」といえます。人間を考えるときに、鳥類や爬虫類ではなく、まず哺乳類から考えていくという感じです。

では、「十分条件」とはなんですか？

簡単にいうと、必要条件を十分に満たしている条件のことです。上の場合は、人間が哺乳類の十分条件です。

P：必要条件とし、Q：十分条件と置くと、次ページの図のように、Pの中にQがふくまれる状態になります。十分条件は必要条件の中にふくまれている条件です。つまり、必要条件と十分条件は包含関係（どちらの条件がどちらの条件にふくまれているか？　あるいはふくんでいるか？）です。たとえば、さきほどの例の哺乳類は人間をふくむ条件なので、哺乳類は人間の必要条件といえ、人間は哺乳類の中にふくまれている（十分に満

たしている）から、十分条件といえます。

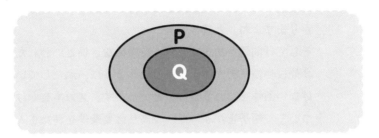

 条件の大小の関係の話なんですね。

 そうです。私が必要条件と十分条件の説明をする際、生徒に興味を持ってもらえるように次のような話をしています。
「数学の問題を解くって推理小説の犯人を見つけるような感じなんです。たとえば、ある事件がありました。メガネをかけて、杖をついて、帽子をかぶった人が犯人だとわかりました」と問題提起します。
「この条件（メガネをかけて、杖をついて、帽子をかぶった人）を3つとも満たした人の中に犯人がいるはずです。調べた結果、

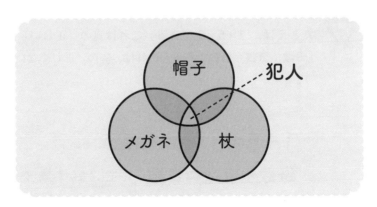

その条件を満たす人は5人いました。つまり、その5人が犯人の候補なので、その5人をより詳しく調べていけば犯人が見つかりますよね」と続けます。

そして「問題があって、何々を求めなさいといわれたら、メガネや杖や帽子をかぶった人というように、満たしていないといけない条件を『必要条件』といいます。メガネをかけて、杖をついて、帽子をかぶった、つまり必要条件を満たす人は誰なのかを探す作業こそ、数学の問題を解く場合にも行っていくべきことなのです。それが犯人（答え）である可能性がある（候補を絞っていく作業）＝必要条件から求めるということです」と話をすると、生徒は「ふーん」とうなずいてくれます。

 そういわれると、イメージしやすいですね。

命題

 「命題」って、なんですか？

 正しいか正しくないかが明確に決まる文や式のことをいいます。たとえば、「1＋5＝6である」これは真の（正しい）命題です。「奇数＋奇数＝奇数である」これは、偽の（正しくない）命題です。

１＋5＝6……正しい命題（真）という

奇数＋奇数＝奇数……正しくない命題（偽）という

46

ベン図

 「ベン図」って何ですか？ なんか、形は見たことがあります。

 イギリスの数学者のジョン・ベンという人が考えたもので条件の関係を視覚化するものです。さきほどの「必要条件」と「十分条件」の関係性を示した図もベン図といえます。

▶「論理と集合」は新しい登場人物が多い単元

関数
（2次関数・2次方程式・
2次不等式）

関数

もちろん、「関数」という言葉は何度も聞いたことがありますが、あらためてなんなのですか？

変数x、yがあり、xを決めたら、yが1つだけ対応することを「yはxの関数である」といいます。

たとえば、電気料金や携帯の料金などは、使用する量が増えれば金額も増えるので、関数であるといえます。

数学では、どんなときに使うんですか？

関数は、最大値や最小値を問われたときに用いることが多いです。グラフを利用することで視覚化でき、最大や最小が（範囲を確認すれば）一目瞭然にわかるからです。

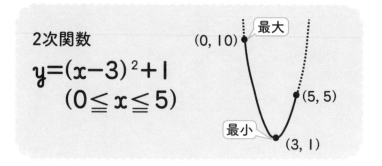

2次関数
$$y=(x-3)^2+1$$
$$(0 \leqq x \leqq 5)$$

最大 (0, 10)

(5, 5)

最小 (3, 1)

たとえば、1次関数のようにグラフが直線ならば、範囲の端、つまりグラフの端が最大あるいは最小になっているので（グラフを）描かなくても問題ありません。しかし、2次関数になると放物線なので範囲の端が最大や最小とは限りません。ですから、図示するのが有効です。

2次方程式

「2次方程式」って、なんですか？

まず、用語から説明しますね。式のなかの「項（足し算であらわされた数字や文字のかたまりのこと）」に文字が1つかけられている式を「1次式」といいます。たとえば、*3x*、*2x+5*、*3x+6y−7* などが1次式です。

「2次式」は、項のなかに文字が2つかけられているものをふくむ式をいいます。たとえば、*3x²*、*x²+5x+7*、*4xy* を2次式といいます。

方程式というのは、まだわかっていない数（未知数）をあらわす文字をふくむ等式のことです。中学1年生で学習しています。1次方程式は *3x+8=15* のように方程式のなかに文字が1つだけかけられているもの。2次方程式は *x²−5x−6=0* のように、項（数字や文字のかたまり）の中に文字が2つかけられているもの（今回は*x²*のこと）がある場合の方程式のことです。

高校数学では、たとえば「2次方程式の実数解の個数を求めなさい」という問題も出てきます。

「2次方程式の実数解の個数」って、どういう意味なんですか？

2次方程式 $3x^2+5x+6=0$ の解の個数を例に挙げて、考えてみますね。この場合、2次関数 $y=3x^2+5x+6$ のグラフと x 軸の交点の話をしているととらえます（※ x 軸というのは $y=0$ という、y 座標が0の点の集まりの直線です）。$y=3x^2+5x+6$ という2次関数は下に凸の放物線です（図示）。つまり、この放物線と x 軸が①（2点で）交わっているか、②（1点で）接しているか、③離れているのかのいずれかが起こっているはずです。今回の問題は③の状態です。離れていますので、0個です。

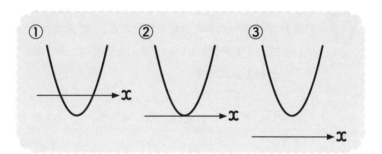

「実数解」というのは、その x 軸と交わったときのことですか？

その通りです！

交点の数を考えるときに、方程式の実数解の個数の話にもっていくということですか？

はい。グラフ上の交点の x 座標が方程式の解と一致していることを学んでいるということです。

要は、方程式とグラフの関係の話なんですね。

 はい。とらえ方でいろいろな表現が可能だということです。2次方程式 $x^2-5x+6=0$ は、左辺を因数分解して $(x-2)(x-3)=0$ より、解は $x=2$ または $x=3$ と求められ、その解 $x=2$、$x=3$ が x 軸との交点の x 座標なのです。式を見て、そういうことを思い浮かべられるようになることが大事です。

2次不等式

 「2次不等式」ってどんな意味ですか？

 不等式を解くというのは、不等式にあてはまる x をすべて求めることです。$x^2-5x+6\leqq0$ という2次不等式の場合、左辺の計算結果が0以下の x すべてを求めるということなので、グラフを利用して、$2\leqq x\leqq3$ と答えます。

 答えが範囲になっているんですね。2次不等式は、図（グラフ）で考えたほうがいいということですか？

 はい、グラフで考えるのが基本です。重要なので繰り返しますと、不等式を解くというのは、あてはまる x をすべて求めることです。ですから、今回のように解が範囲になることも、解が1つのことも、解がないこともあります。グラフで確認すると一目瞭然です。
たとえば、$x^2-2x+6\leqq0$ という不等式の場合は解なし（実数解はない）となります。つまり2次関数と $y=0$ とのグラフの位置

51

関係の話をしているというとらえ方をすれば、グラフのyの計算の結果がx軸（y=0）よりもどうなのか？（+、−、0のいずれか）を判断すればよいのですから。

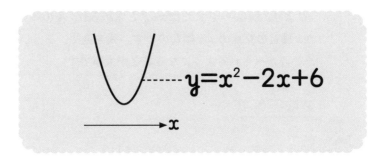

ポイント！

▶関数は式を見て、グラフを思い浮かべられるようになることが大事

三角比

 まず「三角比」って、なんですか？

 サイン、コサイン、タンジェント（比の値）のことです。下の図のような直角三角形を考えたときの二辺の比として定義されています。下の図は θ（シータ）という角度をあらわす記号を用いています。

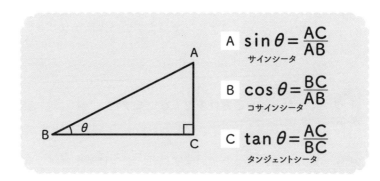

 言葉は聞いたことはありますが、高校数学はサイン、コサイン、タンジェントあたりからよくわからなくなった記憶があります。ところで、サイン、コサインとかは日常で使うんですか？

 たとえば、測量に利用されていますね。また理系のほぼすべての学問では、さらっとサイン、コサインが登場するので、高校数学ではその基本的なことについて理解できるよう学んでいるというイメージです。

父親が設備設計の仕事をやっていて、たまに測量に付き合わされていました。自分が棒を持って、父親が何かレンズのある機械で棒を見ていて、そのときは棒を持っている意味はわからなかったんですけど。

 測量は相似を使っていて、三角比を利用しているはずです。3次元の位置の角度や距離が出せます。地図の作成などに使われていますね。

 サイン、コサインは「比」を扱っているわけなんですね。それがわかると、ちょっとだけ仲よくなれそうな気がしてきました。しかしサイン、コサインでつまずいた人はかなり多いと思います。

 そうおっしゃる方は少なくないですね。

 自分の話になっちゃいますけど、じつは数学だけでなく、世界史も途中で挫折したんです。アケメネス朝ペルシャとか、なんか似たような名前がたくさんあって、サイン、コサイン、タンジェントも、名前自体が嫌いにさせていますよね。
だから言葉で親しくなるのは無理そうですが、「割合」とか「相似」で使われる記号で、大事なことはわかってきました。三角比によって、実際に距離を測らなくても、測れないものも距離が計算できる、しかも正確な比率で。

はい、世の中の先端技術などでは、ほぼほぼ数学が使われています。あるものに興味がわいたときに、理解を助けてくれるのが数学であることも少なくないので、数学を学ぶ意味はそこにもあるのかなって思います。

▶ θ の位置でサインとコサインを間違えないように気をつけよう。θ を挟む比がコサイン

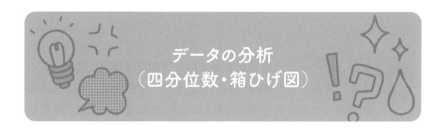

データの分析
（四分位数・箱ひげ図）

四分位数

 「四分位数」というのは、どういうものなんですか？

 データを小さい順に並び替えたときに、データの数で4等分したときの区切りの値のことです。第1四分位数、第2四分位数、第3四分位数で4つに分けられています。その値によって4つの分布の散らばり具合がわかります。

たとえば、10点満点のテストを11人の生徒が受けました。それぞれの得点は、5点、1点、4点、7点、6点、8点、9点、4点、3点、7点、7点でした。まず、小さい順にデータを並べてみると、（以下、「点」は省略）1, 3, 4, 4, 5, 6, 7, 7, 7, 8, 9となります。そして下の図のように求めます。

56

箱ひげ図

 「箱ひげ図」というのは、はじめて聞くんですけど、どういう図なんですか？

 こんな図です。第2四分位数は「中央値」ともいいます。

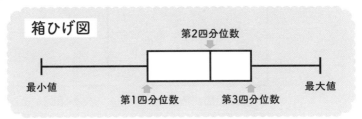

分散・標準偏差

 「分散・標準偏差」って、なんですか？

 「分散」はデータの散らばり具合をあらわすものです。「分散＝（データ－平均）の2乗の総和÷データの数」で求められます。「標準偏差」は、分数のルート（分散の正の平方根）のことです。高校や大学の受験などで目安にする偏差値は、求める式の中に「標準偏差」が使われています。

データの相関

 「データの相関」というのは、なんですか？

簡単にいうと、データの分布が右上がりにあらわれると「正の相関」があるといい、逆に右下がりにあらわれると「負の相関」があるといいます。こんな図です。

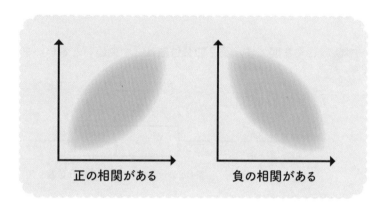

 理屈というよりは、ここはとにかく覚えることが大事なんですかね？

 そうですね。中学数学から高校数学のなかで「データの分析」は具体的で実用的です。わたしたちの身近にあるデータのおおまかな見方や分析ができることは、これからの時代にとりわけ大切になると思います。

▶データの分析は用語がたくさん出てくるので、まずは用語を覚えることからはじめよう

順列と組み合わせ

順列

「順列」というのは、4人組の歌謡グループ？

ではないですね（笑。それは純烈です）。数学の「順列」はものの並べ方のパターンの総数のことです。

たとえば、異なった数字が3個あったら、その3個の並べ方の総数。1、2、3の並べ方はといったら、123、132、213、231、312、321の6通りです。

なるほど。ところで、競馬の馬券で馬番の1番、2番、3番の全部のパターンの1−2、1−3、2−3を買いたいとき、「ボックス」というのがあります。そういうのは数学でもありますか？

ありますよ。数学では「組み合わせ」といいますね。ちょうど次に話すのがそれです。

組み合わせ

では、あらためて数学でいう「組み合わせ」というのは？

組み合わせは、異なるn個のものからr個を選ぶ選び方の総数のことです。さきほどの「ボックス」は1、2、3の異なる3つ

の数字から２つを選び、選び方は１－２、１－３、２－３の３
通りあったということになります。

▶思いつきだと過不足が起こりやすいので、重複に気をつけ
て数える

確率

 では、次に「確率」ですが、これは文字通りですよね。

 はい。**簡単にいうと、確率はその事柄が起こるパターン／考えられるすべてのパターンのこと**をいいます。その事柄の起こるパターンが A 通りで、考えられるすべてのパターンが N 通りの場合、A/N とあらわせます。

ここで、よくある間違いについて、ちょっと詳しくお話ししますね。

たとえばコインを2枚投げた目の出方は、2枚とも表、表と裏が1枚ずつ、2枚とも裏という3種類です。あるある問題ですが「表と裏が1枚ずつになる確率は？」と聞かれたとき、「3分の1」ではありません。答えは、「2分の1」です。

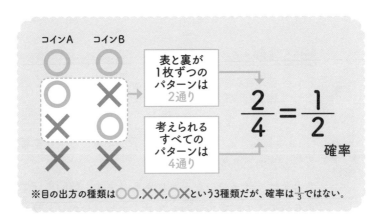

※目の出方の種類は○○、××、○×という3種類だが、確率は $\frac{1}{3}$ ではない。

なぜなら種類は3種類ですが、考えられるすべてのパターンは
下の○（表）×（裏）であらわした4通りで、表と裏が1枚ず
つのパターンは2通りなので。

（○○）（○×）（×○）（××）

これまでの抽象的な単元とちがって、確率は手を動かしてやっ
てみてできそうですね。

はい。具体的に経験することで理解がより深まり、抽象化する
ときに必ず役に立ちます。

ただ、すごく数が多くなっていくと、いろいろなケースが増え
すぎて……。

そうですね。確率の問題でもだんだん抽象度が上がって、「n番
目は」や「n回行ったときに」を「式で表しなさい」とたずね
られるものもあります。条件を的確に反映して求める思考が大
切ですね。

独立な試行・反復試行

次は「独立な試行・反復試行」ですが、これは？

「独立な試行」というのは、前に行った試行が次に影響を及ぼさ
ないときのことをいいます。
たとえば、サイコロがそれにあたります。何回投げてもどの目
も6分の1の確率で変わりませんよね。しかしトランプなどで

取り出したカードをもとに戻すならば、何回引いても同じ確率で出ますが、戻さない場合は前の試行によって影響を受けることになります。それを「従属」といいます。

 トランプのババ抜きや神経衰弱も、1組当たったらカードが減りますよね？

 それも「従属」ですね。条件が試行ごとに変わり影響されますので。

 ここでは、変化した条件をちゃんと理解すればいいわけですか？

 そうです。1回の試行によって、条件がどう変化するのかをとらえることが大事です。だから、サイコロのときは、カードのときはなどと、いつもこうするというような公式やパターンを覚えて条件反射的に求められるものではありません。問題ごとにルールの条件を反映して判断していくことが要求されます。

条件付き確率

 「条件付き確率」というのは？

 ある事象が起こるという条件のもとで、別のある事象が起こる確率のことをいいます。
たとえば「5本のくじの中に当りくじが2本入っている。このくじをA、Bの順に引き、引いたくじは戻さない場合、Aが当たったときにBも当たる確率」がそれにあたります。

確率は、突き詰めれば「条件」について考えるイメージで、日常ともつながりますね。宝くじなんかも、まさに「当たる確率」とか計算できると、無謀にお金を使わない気がします。

▶**確率＝その事柄が起こるパターン／考えられるすべてのパターン**

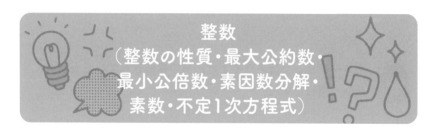

整数
（整数の性質・最大公約数・
最小公倍数・素因数分解・
素数・不定1次方程式）

整数の性質

「整数の性質」。これ、もう言葉（用語）から全然わからないんですけど……。

小学校のときから親しんできた「整数」というのを、整理してあらためてどんな性質を持っているのかをとらえ直す単元です。

「整数の性質」がわからないと高校数学の問題は解けないんですか？

問題を解くにあたって「整数の性質」を理解していないと、考え方の方向性がつかめません。 整数の問題は「約数・倍数の関係を利用して解きます」というのが基本で、因数分解のような積（かけ算）の形をつくって、絞っていくという方法で求められます。

「約数」や「倍数」にも因数分解って関係あるんですか？

ありますよ。整数の場合は素因数分解をします。

因数分解って、たとえると、ケーキがあるとすると、ケーキは小麦粉と卵と砂糖が入っている、みたいな感じのことですか？

イメージとしてはそうですね。何で構成されているかを考える
という感じですね。

 「素因数分解」って、なんでしたっけ？ 「素因数分解」という
言葉自体は覚えているんですけど。

 整数を割り切れる数で分解する。**つまり、**素数の積であらわし
直すこと**です。**

 「素数」って、なんでしたっけ？

 「素数」は、1と自分自身の2つの数字しか約数を持たない数の
ことです。**2や3がそうです。**

素数……1と自分自身の2つの数字しか約数を持たない数
（例／2,3,5,7,11）

 なるほど。でも、この単元はnとかの文字も入ってくるんです
よね？ 文字が入ると難しそうに思えます。

 たとえば、2の倍数を文字を使ってあらわすと$2n$（nは整数）
です。これは中学の数学で扱っています。3の倍数は$3n$（nは
整数）です。

 ここまで、いずみ先生の話を聞いてわかってきたのですが、「高
校数学では、どの数字（整数）を入れても当てはまるような条

件」を文字を使って答えるわけですか？

 そうです！　「整数は１か素数か素数のかけ算でつくられている」というようなことを意識して考えていきます。たとえば、6は（6=2×3）とあらわせるから素数2と3でつくられていますよねと。

 なるほど。整数というのをあらためてどんな性質を持つかを考えていくということはわかりました。

最大公約数・最小公倍数

 ここで出る「最大公約数」と「最小公倍数」というのは？

 いくつかの整数に共通している約数で最も大きいのが最大公約数です。たとえば、24と16の最大公約数は8です。これは「連除法」といって共通に割れる数字で割っていく方法で求められます（小学生などがこの方法を利用してますね）。最小公倍数は、そのいくつかの整数に共通な最小な倍数のことでこれも機械的に出せました。

$$
\begin{array}{r}
2\,)\,\overline{24 \quad 16} \\
2\,)\,\overline{12 \quad 8} \\
2\,)\,\overline{6 \quad 4} \\
3 \quad 2
\end{array}
$$

2×2×2が
最大公約数 ←

素因数分解のほうから最小公倍数・最大公約数を説明することもできます。たとえば、「24と16を素因数分解したら、*24＝2×2×2×3*、*16＝2×2×2×2* でした。共通している因数は、*2×2×2* でした。ですから8」というのが最大公約数です。

つまり、素因数分解しておくと中身が見えるので、共通しているものや足らないものが見えやすくなるということです。

 次は「素因数分解の性質」についてです。

 「整数というのは、1か素数か素数のかけ算かでできているんですよ」と私がいうと、生徒が「へえ」といったりします。こういうことが性質ですね。

 今までに小学校でも最大公約数や最小公倍数をやったけれども、それをちゃんと式で表現する？

 仕組みを理解して、抽象度を上げて、誰でも使える形にすることが目的です。整数の単元では、整数の性質を利用して考えるので、割り算も等式であらわすことからはじめます。たとえば、小学生でやった余りの出る割り算 *23÷7＝3・・・余り2* のように計算していたものは、等式で *23＝7×3+2* とあらわします。

$$7\overline{)23}\quad \begin{array}{r}3\cdots2\end{array}$$

$$23=7\times3 \quad \Rightarrow \quad 23=7\times3+2$$

整数＝割る数×商＋余り

等式であらわして何がわかるのですか？

 「等式で、23の中身は、7で割ったときは、*7×3＋2* というあらわし方ができる」ということです。7は割る数、3は商といってその答えで、割ったとき余りが2。【整数＝割る数×商＋余り】という等式で中身があらわせています。割り切れる場合、たとえば *28＝7×4* は、余り0だったので、＋0を書いていないわけです。

 これを*7a*とかにして、7の倍数といふうにするんですか？

 その通りです！

 小学校の算数では1回ごとに実際の数字で計算していたのを、どういう数字（整数）が入ってもいいようにやっているわけですよね。

 はい！

自然数（整数）

 「自然数」って、なんでしたっけ？　自然な数？

 自然数は、0と負の整数を除いた整数で小学生から学んでいます。ものを数えるときに、たとえばリンゴが1つ、2つ、3つというふうにです。数直線があったとしたら、1、2、3……の点の世界しか話していなくて、「これは数です」といっていた

わけです。自然数は「正の整数」ともいいます。

 0と「負の整数」というのは、どういうことなんですか？

 引き算では、「アヒルが5匹いましたが、みんないなくなりました」というときに0が必要だから、0を導入しました。中学校に入ると、たとえば、「温度計で0℃よりも低い温度を−1、−2℃といいます」という（0より小さい数の）世界に拡張されます。
じつは「数」というのは0より大きい数と0より小さい数がありました、ということです。もともと1、2、3……という数字の世界に、0が追加され、0より小さい数がさらに −1、−2……という側に広がったので、「拡張」という言葉を使います。

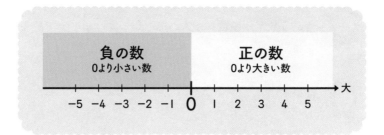

 ただ、マイナスの概念って気温はわかるのですが、日常ではあまりなさそうな気もします。

 0は基準としても使っています。「基準から反対側をあらわすときにマイナスを使う」という話です。ゴルフは、0という基準よりも少ない打数で回った場合はアンダー（マイナス）を使ってあらわしますよね。

　0というのは小学校のときは「ない」という概念だったのが、中学校に入ると「基準」にも使うという意味が加わります。つまり、どこかを0という基準にしたら、基準よりも大きいのをプラスと考えて、基準よりも小さいのをマイナスと考えられるということです。これは中学1年生で学習済みです。

整数の性質とどんな関係がありますか？

　これは、整数の性質と直接関係があるわけではありません。考える範囲が広がったので、−（マイナス）がつく数まで拡張された範囲で考えるという話です。性質というのは、さきほどのように*2n*という形で2の倍数のグループというあらわし方や、たとえば、*5n+3*で5で割って3余る数のグループのあらわし方です。それが性質を考えるということです。

　整数の「個性」を考えて、*2n*とか*3m*とか文字を使って式を立てたりすることが、性質を考えることなんですね。この概念を理解すれば、ちょっとはついていけますね。

　ついていけるし、たぶん楽しくなると思います。

　つまずいてどんどん遠のいていくのと、1つわかるとまた理解が進むというのは大きな分かれ道ですね。この単元はデータの分析とか確率よりも抽象度が上がる感じですね。やろうとしていることとか、そこで問われていることがちょっとはわかってきました。高校数学は具体的な数は出ないけど、考えうるパターンを式にして、それを使ってということもわかってきました。

ユークリッドの互除法

 次は「ユークリッドの互除法」についてです。で、「ユークリッドの互除法」って、なんなんですか？

 「ユークリッドの互除法」は、$a=bq+r$（aという整数はbで割ると商がqで余りがr）とあらわされたとき、aとbとの最大公約数は、bとrとの最大公約数であるというものです。

 これは、最大公約数を求める方法ですか？

 はい、その１つです。この「ユークリッドの互除法」を証明しようと思ったらできるのですが、ここではそれをやると長くなるので、まずは最大公約数を求めるときに便利だということですね。

 「整数」という単元についてまとめると、自然数をはじめどういう性質を持っているのかをあらためて考えるわけですね。しかも１つひとつ具体的に計算したりしないで、「こういう場合はこういうことになる」というのを考えることですよね。

 そうです！　整数の性質を利用して表現するわけです。

 具体的な数字じゃなくて、成立する条件みたいなのを探るような感じですね。

はい、条件のようなものですね。文字式であらわされた**整数のグループはたずねられた問題を満たしている**とか、満たしていないということが説明できるわけです。文字式で条件をあらわして整数を表現するので、抽象度が上がります。

実際の数字で計算せずに、あらゆる整数を必要に応じたあらわし方を考えていくわけですね。いろいろな整数の条件を決めるみたいな。たとえばクラスに50人いて、血液型がA型で、東京都出身という条件に、ちゃんと全部当てはまって分けられればいいんですよね。その条件でいったら、誰々さんが導かれる。

「性質」というのはそういうイメージだと理解しやすいなら、それもいいかもしれないですね。

1次不定方程式

では、1次不定方程式についてです。前にも聞いた気がしますが「1次」って、なんでしたっけ？

1次式というのは、式のなかの項（足し算であらわされるかたまり）のなかに、文字を1つかける式のことです。たとえば、$3x$、$2a+5$、$5x-3y+7z-8$ などです。文字の種類は問いません。

項というかたまりのなかに、xをはじめ文字が1つかける式のことと理解していいですかね？　x^2 は2次ですかね。

はい、その通りです！ 次に「方程式」というのは、まだわかっていない数（未知数）をあらわす文字をふくむ等式のことでした。たとえば、中学1年生で学習した $3x+5=7$ がそうです。

 そこは大丈夫そうです。では、「不定方程式」というのは、なんですか？

 解が1つに定まらない方程式のことです。したがって、1次不定方程式とは、たとえば、$2x+y=10$ のような方程式のことです。この方程式を満たす解はたくさんあります。$(x, y)=(3, 4)$ も解ですし、$(x, y)=(10, -10)$ も解です。まだまだいっぱいあります。つまり今回の1次不定方程式 $2x+y=10$ の解というのは、グラフでいうと、その1次方程式であらわされる直線上の点すべてということになります。整数の解を求めるには、たとえば $x=k$（整数）と置くと、$x=k$ と $y=-2k+10$ とあらわせます。これは「媒介変数表示」というあらわし方です。$(x, y)=(k, -2k+10)$ という表記ですべての整数解をあらわせたことになります。

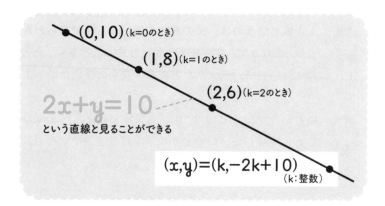

う〜ん。少し難しくなってきましたが、なんとかついていかないと。素朴な疑問で、$x=k$って、新しい文字がまた1個増えましたよね。

 はい。この方程式を満たす解をすべてを求めよといわれたら、具体的な例を1つひとつ挙げても、すべてをあらわすことはできません。k（整数）という媒介変数を用いることによって、$(x, y)=(k, -2k+10)$ とすべての解をあらわすことが可能になったんです。

 これって$2x$とかでもいいんですけど、kを用いずに、$x=$なんとかとかはできないんですか？

 できません。x自体をkと置いているので……。

 kという新参者をまた加入させて、より複雑になる感じがするんです！

 新しい文字に慣れるまで時間がかかるかもしれませんね。しかし、新参者のこの媒介変数のkが登場することによって、xもyもkを用いてあらわせるのが画期的なんです。

 たしかに、そういわれるとシンプルになるかもしれないですね。kという共通の文字が入ることでxとyをkを使ってあらわせた。あっ、なるほど、kを使ったら1つの文字であらわせていますね。
たとえるなら、日本語で話している人とポルトガル語で話して

いる人がいて、全然話が通じなかったところ、2人とも英語で話したら理解できた。*k*はそのときの英語みたいな感じです。

そういうイメージの理解でもいいと思います。*k*の存在によって、共通でわかるものになったということです。

小学校、中学校までは、実際の数字で答えを求めるけれど、高校数学の「どの数が入っても」というのは、こういうことなんですね。「高校数学ではこういうことがやりたい」というのがわかってきました。

高校数学の答えの概念がわかってよかったです。

ある意味、高校数学は「MECE（ミーシー）」などをはじめ論理的な思考にもつながるのかもしれないですね。たとえば男性で40代以上で……という条件でピッタリ当てはまるみたいなことをやるわけです。数学的なものって、MECEの意味する「もれなくダブりなく」のように、思っていたよりも論理的です。

整数の問題は、整数の性質（とくに約数・倍数の性質）を利用するとうまく説明していけることがわかっています。たとえば、整数は1や素数や素数のかけ算でできているから、倍数に着目をしたり、それで分類できなかったら、〇〇で割って余りがいくつの数という分類を行うことでよりわかりやすく理解していくというイメージです。

なんとなくわかってきました。たとえば24という数字があったら、どの整数が入っても、うまく表現するみたいな!?

たしかに、なんとなくですね（苦笑）。たとえば、24は6の倍数と考えることや、2の倍数ととらえることや、25で割ったら1足らない数と見ることもできます。時と場合に合った表現をして、一番的確な表現のしかたで説明していきましょうということですね。

それはロジカルな感じがしますね。数字や文字を使って、いろいろな数字が入った場合でもいえるように表現するということですよね。

N進法

「N進法」って、なんですか？

Nになったら次の位になる計算のしかたです。たとえば、わたしたちが日常よく使うのは、10進法（10になると次の位）です。10進法で123というのは、*1×100*（10の2乗）＋*2×10*（10の1乗）＋*3×1*（10の0乗）というのを「123（ひゃくにじゅうさん）」と呼んでます。コンピュータは2進法で、2の0乗、2の1乗、2の2乗、2の3乗という位取りになります。nになると次の位になるものを、「N進法」といっています。

面白いのは、10進法が基本でだいたい生活しているなかで、3進法とか出てくると、すごいカルチャーショックなことです。

ちなみに時計は、繰り上がりの数字をいくつにして考えるという点では、1分＝60秒は60進法、1日＝24時間は24進法、1年＝12か月は12進法といえますね。

 そうですね。N進法についてまとめると、そのルールに従ってやれば答えが出るという意味では、機械的にできる感じですね。

ポイント！

▶N進法とは、Nになると次の位にいくという考え方を数字であらわしたもの

図形

高校数学でいう「図形」というのは？

高校数学で扱う図形は、「図形と計量」で三角比（余弦定理・正弦定理など）や、「図形の性質」でチェバの定理やメネラウスの定理を利用して、長さや角を求めるものが中学の図形にプラスされるイメージです。また、微分・積分を用いて面積・体積を**求めたりすることを新たに学習します。**

「図形と方程式」という単元があるようで、難しそう……。

簡単にいうと、座標を用いて、図形を数式であらわす単元です。グラフと方程式（不等式）の関係を学習します。
たとえば、$2x+y-4=0$（$y=-2x+4$）は、直線で中学のときに学習済みです。円も方程式であらわせることや、数式であらわされる不等式で、座標平面上の領域をあらわせることを学びます。

数式とグラフの関係は、やっぱり避けられないんですね。

ポイント！

▶**中学数学より、高校数学の図形は求められることが増える**

微分

「微積（微分・積分）」は、まったくわからなかったです。けっこうアレルギーがある人が多い気がします。式を見ると「lim（リム）」とか書いてありますね。急に外国語の勉強になった感じもあります。何より、式がめちゃくちゃな感じで、もう何をいっているんだか……。

$$f'(x) = \lim_{h \to 0} \frac{f(x+h) - f(x)}{h}$$

「微積（微分・積分）」は数学IIと数学IIIで学習します。「微分」と「積分」をまとめて「微積分」といってます。「微分」は細かく分ける、「積分」は集めるという意味です。式もグラフも出てきます。

高校数学では「微分」**は曲線における接線の傾きを求めるときに使います。上の式の「lim（リム）」というのは、limit（リミット）の頭文字で、「極限」という意味です。**

そもそも「微分」の目的がまずわからないです。なんのためにやるのですか？

高校数学では、微分を使うと曲線の曲がり具合の考察ができます。y の増加量／x の増加量という割合を考えます。

$$傾き = \frac{y\text{の増加量}}{x\text{の増加量}}$$

 その割合が曲線の斜め具合なんですか？

 その通りです！　「微分」は曲線の曲がり具合い（斜め具合、傾き）がわかるので、曲線が正確に書けるようになるんです。

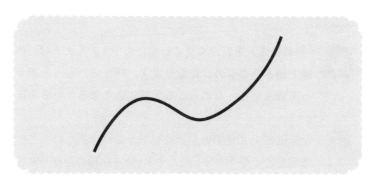

 ここは、今までで一番レベルが高い気がします。

 「微分」は「傾き」がポイントです。「傾き」というのは「斜め具合」のことですから2点間の情報が必要です。そしてその2点の間を限りなく近づけるという考え方をします。

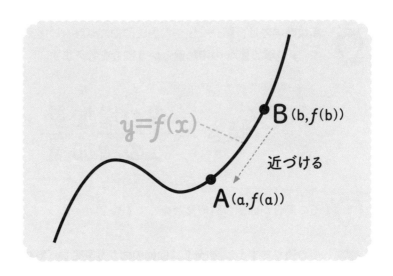

$y=f(x)$

B $(b, f(b))$

近づける

A $(a, f(a))$

なぜ2点間を近づけるんですか？

「斜め具合」を細かく見ていくためです。たとえば、点と点を直線で結ぶとカクカクになります。だから、もっと細かく点を取って結んだら、なめらかな曲線に近くなるという考え方です。

なるほど、2点間の点と点をできるだけ近づけたときの傾きを考えることが「微分」なんですね。「曲線の曲がり具合」に関する情報なわけですね。「曲線の曲がり具合」を知りたいためなんだという目的がわかると理解の度合いもちがう気がします。
正直いって、「微分」というのがゲームだとしたら、これまでまず何をしたいのかがまったくわからなかったのですが、このゲームの題材は「曲線」ですね。

そうですね。「微分」はグラフのある点での「傾き」がわかる道具なのです。「傾き」、つまり曲線の「曲がり具合」がわかるのです。

ところで、曲がり具合がわかると、どんないいことがあるんですか？

関数のグラフが正確に描けるようになります。

それが「微分」のゴールなんですね。「微分」の話を聞いて清々^{すがすが}しかったのが、高校時代にわからなくて当然だったなということです。「微分」という競技の種目は「曲線」ですね。そこでめざすべき「傾き」というのは、2点の間が限りなく近い、1点っぽいところのことなんですよね。

はい。グラフが曲線であるということは、点ごとに傾きが変化しているのです。

「微分」って想像以上の手強さがありますね。期待通りの難しさで、裏切らなかったともいえます。やるべきことがこういうことなのかというのは、なんとなくわかりましたが、傾きを式で計算するわけですか？

傾きは y の増加量/x の増加量で計算するわけです。

2点間のビフォーとアフターを計算すればいいんですね。

そうです！　Ａ地点とＢ地点の斜め具合の計算です。２点間の間隔を狭くしないと細かく見られないから、点Ｂを点Ａにほとんど１点になるくらいまで近づけることを考えます。

ＡさんとＢさんはすごい近いけど、絶対触れてないんですよね。

はい、そうじゃないと計算できないんです。分母に０は持ってこれないので。見た目は１点だけど、限りなく近いけど距離があるということです。

本当は微妙に１点にはなっていない。近いけれども触れてはいない。このＡさん、Ｂさんのお話が「微分」というわけですね。

そうですね。その言い方で続けると、ＢさんはぎりぎりまでＡさんに近づいて、Ａさんのところの傾きを求めるのにＢさんが協力したという感じです。

わかってきました。本当はＡさんにＢさんが限りなく近づいている状況なのに、表現的にはＡさんの点ということになるわけなんですね。

そうです、そうです。

なんか恋の物語に近いかもしれないです。Ａさんという主人公の女性がいて、Ｂさんという男性はすごく慕っていて、すごく近づいて来るんだけど距離があるような。ＡさんとＢさんは仲よしですごく近いけど、完全に触れてはいない。そんなどこか

満たされない1組のカップルが「点」という感じでかすね。そしてあくまで、ここで求められているのは主人公であるAさんの居場所（点）なんですよね。

限りなく近いけど距離がある

 なんだか微分がとてもロマンティックになりますね（笑）。Aさんの瞬間的な動きをあらわすために、Bさんが協力したというと味気ないですかね。

 イメージしやすいいです。「傾き」というのは、結局Aさんだけじゃわからないんですよね。

 そうですね。1点だけだと、動きがわかりません。「傾き」は2点が必要なんです。子どものころ、数字の順番通りに点と点をつないでいくと絵になる「点つなぎ」ってやりませんでしたか？点を結んでいくときに、できるだけ細かくしていくとカクカクじゃなくて、なめらかになりますよね。それと同じで、隣の点の斜め具合が、近かったら近いだけ正確にわかるというわけです。それを「限りなく近くしたら、Aの付近の傾きがわかったことになるんじゃないか」と考えたわけですよね。

 それが「微分」の定義だったんですね。今、かなり理屈のところから教えていただいたので、完璧にはわからないながらも、な

んとなくこういうことをやるんだなというのは理解できた気が
します。

 高校数学で「微分」を学習するときは、「微分」の定義を知ることと、「微分」を用いて曲線のグラフが描けるようになることが大きな目的です。

 ところで、「微分」が現実的に使われているものってあるんですか？

 物理全般に使われています。たとえば、どれを変えたら結果が変わるのか（増えるのか？　減るのか？）をシミュレーションするときにも使われています。

▶高校数学で「微分」は曲線のグラフが正確に描ける道具

積分

 「積分」はどういうことなんですか？

 ものすごい細かいものを足し合わせる操作のことです。下の図のような曲線で囲まれた図形の面積が求められます。

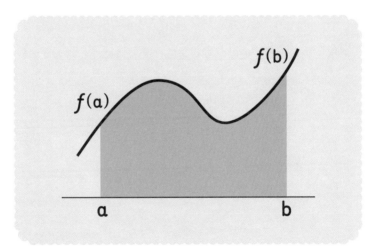

 曲線で囲まれている図形の面積が計算できるんですか？

 はい、その通りです！

 ということは、「積分」も「曲線」に関する話ということになりますか？

そういえますね。「微分」と「積分」は曲線に関することで、「微分」は点で曲線の傾きを求めましたが、「積分」は線によって曲線で囲まれた面積を求める。そうまとめると、わかりやすいですかね。

ポイント！

　▶積分は、曲線で囲まれた面積を求めることができる

指数関数・対数関数

指数・対数

「指数関数」って言葉は聞いたことがありますが、どういうことなんですか？

$y=a^x$とあらわす関数のことです。指数というのは、3^5（3の5乗）の5とか、2^3（2の3乗）の3のような肩に乗った小さな数字のことでした。aにあたる数が何回かけ算されているかということをあらわします。これは中学1年で学習しています。

$$y=a^x（指数関数）$$

「指数関数的」というのは比喩的な表現で使いますが、実際にどんどん増えていくのですか？

はい、指数について有名な話があります。殿様が家来に「ほうびは何がいいか？」とたずねました。「毎日お米1粒から倍々ください」と家来は答えました。今日は1粒、明日は2粒、明後日は4粒……。では、1億粒になるのは何日後でしょう？　なんと30日後です。

そういう意味でその増え方をビジュアル的にあらわしたのがグラフ？

そうですね。数式だけではわかりづらい特徴が図示することでつかめます。

グラフはたしかに視覚化できますね。でも、グラフが出てくると、より手間が増える感じがします。やらなきゃいけないことが増える。1回山の頂上まで登ったのに、またちがうもう1つの山を登ろうといわれているような。

「グラフによって、その式の特徴が視覚的にわかるよ」ということなんですが、式とグラフを一度に教えられて負担だということですか？ 「これって結局どうなってるのかイメージわかない」っていわれたら、「そうね。グラフを描くとこうなってるよ」と別の方向から説明ができるんです。

なるほど、「グラフは見方を変えて説明しているだけなんだよ」といわれるだけでも、グラフに対するイメージが変わりますね。山は同じ山で、今までは歩いて登ったけど、ヘリコプターから見たらこうだよということですかね。

そのようなイメージでOKです！ グラフの意味がちょっとわかってもらえてよかったです。

対数関数

 「対数」って、なんですか？

 y=log_ax $y=\log_a x$ であらわされる関数のことです。じつは、指数と対数は同じ内容のことを表現のしかたを変えて話しているだけなんです。

 どのへんが同じなのかがさっぱりわからないです。

 たとえば、$2^3=8$ とあらわしますよね。このもとになっている2という数を「底」といいます。これは2を3回かけたら8ですということで、2を主役にして指数を使ってあらわしています。

対数は「logarithm（ロガリズム）」といって、頭文字をとって、さきほどの $2^3=8$ のことを $\log_2 8=3$ とあらわします。つまり、これも2を3乗した数が8という話をしているんです。「$\log_2 8$」というのは、「8という数は2を何回かけてできる数なのかという回数をあらわす」と決めたんです。だから、$\log_2 8=3$ というのは「8という数は2を3回かけた数」という話なんです。この定義をちゃんと覚えないと理解できません。

$$2^3=8 \ , \ \log_2 8=3$$

「ログ（log）」というまた新しいキャラクターが登場しましたね。それを覚えるだけでも大変そうです。

慣れるまで時間がかかりますかね。あらためて詳しく説明しますね。もとにする数字を２で考えてみます。そのもとにする数字を「底」といいます。底が２の対数を考えるということです。底はlogの後ろに小さく２と書きます。$\log_2$（真数）という表記で、「真数」と呼ばれている場所に入る数が、底２を何回かけてつくった数をあらわします。その答えがかける回数です。たとえば、$\log_2 16$は（16という真数は２を４回かけてできる数だから）４です。$\log_2 32$は、（32は２を５回かけてできる数のことだから）５です。$\log_2 9$ は ９ というのは、２を何回かけてできた数なのかという回数をあらわしているんです。そう決めたのです。

$$y = \log_a x$$

真数

底

えっと、２は何回かけても９にはならないんじゃないですか？

そうなんです！　$2^3 = 8$ で $2^4 = 16$ なので、**整数乗ではならない**です。

２は何回かかけて９になるのは整数じゃないとすると、小数とか？

はい。3と4の間の数でしょうね。しかし知っている数ではないので答えようがないですね。これは具体的にわからなくても大丈夫なんです。2を $\log_2 9$ 回かけると9になる数字という言い方で答えられます。

平方根（ルート）のときにも一度こういうような決めごとをしています。このことは平方根（ルート）の話だとわかりやすいので、もう少しお付き合いください。

ルートの数（平方根）は、そもそもどんな定義だったのかというと、「2回かけて、この $\sqrt{}$（ルート）というおうちの（屋根の）中の数字になる数」なんです。たとえば、$\sqrt{9}=3$ は2回かけて9になる数字は3と知っているから3と答えますが、$\sqrt{5}$ は2回かけて5になる数字ということがわかっていれば、具体的に2.236……と知らなくても大丈夫なわけです。logにも、これと同じような決めごとがあるということです。

このような書き方のルールや記号が意味するものとは、発想とかじゃなくて、決まったことをどうルールであらわすか、というのを理解するしかないんですね。

そうなんです。これは定義（決められたこと）で、覚えるしかない。そして、この変換を考えたことで、とても大きい数字が扱えて、航海術に役立つような計算、銀河における計算もできるようになったんです。

式であらわすこと自体は、2^3 というようにシンプルで省略されていいと思うんです。ただ、なんとかの何乗って、見た目はシンプルにしていますが、それがすごい数が増えて何千や何万と

かになると、数字が具体的にボンと出たほうが、じつはわかり
やすいんじゃないかと思ったのですが……。

**具体的な大きさのほうが感覚的につかみやすいということです
かね。しかし、たとえば200000000（2億）といわれたときに、
こうやって0が何個も並ぶよりも、2×10^8（10の8乗）とあら
わしたほうが、大きさもつかみやすかったりするんです。**

たしかに、たとえば地球から月の距離をあらわすのに、単位が
もう全然わからないですけど、何億キロと数字を並べて書くよ
りも、なんとかの何乗と書いたほうが計算もしやすいかもしれ
ないですね。感覚的には、実際の数字を手軽に扱えるようにギ
ュッと収めたみたいなことですかね。

**そういう知恵ですね。だから、指数・対数は航海術にもすごく
役に立っているというのも腑に落ちます。**
**たとえば、2×10^8（10の8乗）っていくつかわからないけれど
も、10の8乗の桁数ということはわかりますよね。そして、対
数を使うことによって、足し算に変換して計算することができ、
対数表で変換される。これもすごい発明だなと思います。**

ちょっとちがうかもしれないですが、ダウンジャケットとかで
もギュッと小さくコンパクトに詰められるものがあって、持ち
運びやすい。これは、数をそういうふうにすることかなとも思
えました。

その例、わかりやすいです。持ち運びやすくする⇒扱いやすくする⇒計算しやすいというイメージですね。たとえば *log₁₀○＝150* と出たら、ああ、○は10が150回かけられている数なのかとつかみやすいです。
対数は、底の数を何回かけたかというのが、正確にパッとわかるということです。
数学のよさは、論理性があって、一見すると見当がつかないものとかでも正確に出せることですね。

 ところで、指数と対数は、同じ内容のことで表現のしかたがちがうんでしたっけ？

 そうです。下の指数と対数は同じことをあらわしています。見比べてみてください。

$$2^3 = 8 \ , \ \log_2 8 = 3$$

 指数と対数の関係って、たとえるとどういうものなのかと考えてみたんです。たぶん、ブロックをつくり上げるのと分解するという発想ですかね？

遠くはないかもしれないですね。より正確にいえば、「2の3乗は8」というのが指数で、「8は2を何回かけてつくったかというと、3回です」というのが対数です。

▶指数と対数は同じ内容の表現のしかたがちがうだけ

ベクトル

 「ベクトル」ってなんですか？

 「ベクトル」というのは、向きと大きさの２つの情報を持ったものです。いわゆる、矢印で話が進むんです。矢印は、始点（スタート）と終点（ゴール）だけで、途中経過は問いません。この概念に慣れることができるかどうかが１つのポイントです。私は生徒に「これは、そういうゲームなの」という話をしています。

 ベクトルが実際に使われてるものは何かあるんですか？

 ベクトルが使われてるのは、力の分解など物理で多いようですね。

 では、ベクトルはどんなふうに習うんですか？

 ベクトルは、１つで２つの情報【大きさ（長さ）と方向】を、矢印であらわす方法です。ベクトルを利用すると、今までの問題も扱い方を変えて答えが求められる新しいアイテムです。その扱い方を学びましょう、ということです。だから「新しいゲームを覚えよう！」という話になるわけです。

あえて、そのゲームという話に乗っかると、そのゲーム自体がまだ、なんのゲームかさえわからない気がするんですが……。

とりあえず、2つの情報を持つベクトルの扱い方をマスターして攻略するゲームでしょうか?

なるほど、「テトリス」や「ぷよぷよ」じゃないですが、「ベクトル」という新しいゲームがある。2つの情報を持つという大まかなルールは少し理解しました。

これまでの数学のかけ算とか足し算とか引き算とかは「スカラー」っていうんです。一直線上で行われていることです。今までは一直線上でたとえば、右か左しかなくて、向きを変えるのは180度反対側にいくというのしかなかったんですけど、ベクトルは図形に利用できて、四方八方に向かっていいんです。

今までのは「一直線上の世界」のゲームなわけですね。今度は、「向き」と「大きさ」をあらわす矢印を使った「四方八方の世界」のゲームですね。

そうなんです(笑)。ベクトルは新しいゲームだから、今までの数字を扱うようには扱えないんです。だから、いってみれば今まで数学が苦手な生徒もベクトルはチャンスです。生徒にも「ベクトルという新しいアイテムは便利だから学んでね!」というふうに伝えています。座標平面を入れると、原点をどこに置こうなどと考えなきゃいけないのですが、ベクトルはどこを始点にしてもいいんです。

ベクトルという「大きさ」と「向き」が一度にあらわせる矢印を使って計算するゲームに慣れればいいんですね。

 はい！ ABベクトル＋BCベクトル＝ACベクトル とあらわせるという話（概念）です。ベクトルが素晴らしいのは、途中経過を問わず、始点と終点だけで話をするというところです。「決められた（出題者の決めた）ベクトルを使って、どうあらわせるのかを聞かれてるだけだから、出題者のベクトルに合わせて考えてあげてください」ということなんです。

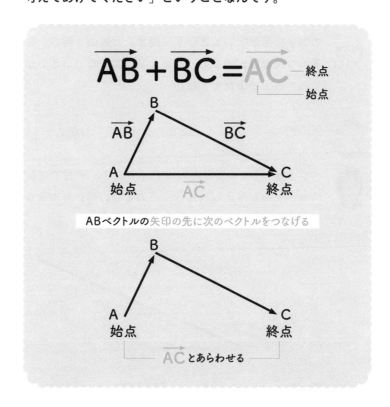

ちょっとふんわりした言い方ですけど、向きと大きさをあらわす矢印を使って、いろいろシミュレーションをするんですかね。ちょっとわかってきました。このベクトルってやつを使ったら手っ取り早くて、便利なわけですかね。

 ベクトルによって、煩雑_{はんざつ}さが取り払われた演算ができるので、「うまくいく道具が見つかった」という感じです。ベクトルという概念が画期的なので、マスターしましょうということなんです。
ベクトルはビジュアル的なもので、たとえば天気図とかも、この向きに風が吹いてという「向き」と風の「強さ」もあらわせる。今日は風が強くて、こっち側に吹くなというのがパッと見てわかるのは便利ですね。

 風の例は、「向き」と「強さ」という点でわかりやすいですね。

 ベクトルは2つの情報を持つアイテムで、平面では基本の２つのベクトルが与えられたら、その２つのベクトルをもとにして新しいベクトルをつくることができます。

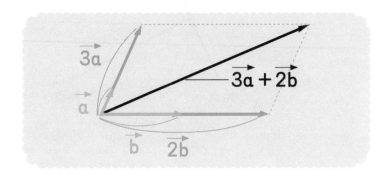

新しいベクトル!?

 はい。平面なら決められた２つのベクトルの長さを変えた新しいベクトルの足し算でどんなベクトルもあらわせます。空間なら、決められた３つのベクトルの長さを変えた新しいベクトルの足し算であらわせます。

 ベクトルはいわば実寸というよりは、比率的な世界。その比率の世界は、数値も入れれば方眼紙でも表現できますということですか？

 そうなんです。

 まずこの「ベクトル」というゲームの設定をよく理解しておくのと、いきなり急に説明書やルールもなしでは、全然ちがいますね。最初に全部ネタバラシをしてあげたほうがよい気がしました。ベクトルは「大きさ」と「向き」の２つの情報を持った矢印です。「大きさ」は「距離」ともいいます。始点と終点に注意して、大きさや２つのベクトルのなす角度などを求めることができます、って感じですか？

 はい！　その通りです！

 ベクトルは、矢印や始点Aと終点Bなど、基本的にそういうことでしか表現できない世界なわけですね。その世界では、これまで数学で習った言語が急に使えなくなりますみたいな。

そんな感じです！

 しかも、この矢印は2つの意味があらわせる。大きさと向きという点でいえば、現実社会でも使えそうです。たとえば、結婚相手を探す際に、収入を大きさで、その人の向上心を向きであらわしたら結婚したほうがいいかがわかるみたいな。もっと現実的に道案内でも、たとえばある地点から四ツ谷駅までを、ベクトルであらわすとこっちの方向で、これくらい距離があるとかできそうです。

 1つの矢印に2つ情報があるというのは、情報処理としてはスピードアップできるということですね。

 なんか学校の授業とかでは、そこがさらっとした説明で進んでしまいそうですが、ベクトルの特徴とか、今みたいにきちんと知りたいですね。

 そうですね。ベクトルの扱い方は独特で、内積（ないせき）という演算を用いてベクトルの大きさを求められます。またx成分、y成分、z成分のように成分で考えることもできます（これは従来の計算のことです）。ベクトルを習うまでは座標の計算でしかで解けなかった問題が、ベクトルで対応できるようになります。

 これまで習った数学とベクトルとでは扱い方がちょっと変わるんですよね。おおげさにいうと、座標平面を一歩ずつ歩いて距離や方向を測って計算してたのを、飛行機で移動してボンボン矢印でいけるくらいのちがいですね。

矢印の世界で、矢印の扱い方を知って扱いに慣れたら、その計算も扱いやすいことに気づいたみたいな感じですかね。

 たとえると、ベクトル王国（笑）。そこは矢印を使って処理をしていて、数字王国の人は「そんなことができるのか！」と驚きながら、その矢印を使ってみることにしました。それはなぜかというと、矢印自体に2つの情報が入って便利だからです、と。「ベクトルは住む国がちがうくらい」って最初にいってもらったほうが断然とっつきやすいです。

 そうかもしれないですね。そしてベクトルの大きさの2乗の計算（内積の計算）をしたら、余弦定理と一致するのです。

 余弦定理ってなんですか？

 三角比のところで学習した定理です（今回は詳しく説明していませんが）。

 それもたとえると、数字王国に住んでいた人が旅をしていたら、ベクトル王国に迷い込んでしまいました。ベクトル王国では、ベクトルですべてを解決していました。数字王国の人も、ベクトルの使い方を覚えました、その後、数字王国に戻ってきました。ベクトル王国でやっていたことは、数字王国の三角形の余弦定理と同じことだったんだと気づきました、という感じですかね。

 なるほど、たとえると、そういえますね。

わかってきました！ たとえばオーストラリアとかでも、原住民がいて、服装もちがうし、言葉も英語ではないけど、食べて、寝るという生活サイクルは一緒じゃないですか。恋愛したり、結婚もしたりとか。これは数字王国とベクトル王国の関係に近い。ベクトルのルールを理解するというのは、ベクトル王国の言葉がしゃべれるようになったということなんですね。AベクトルとBベクトルという、それがその国での共通言語。

 そういう感じかもしれないですね。ベクトルを用いて、図形の辺の長さや面積を求められます。多くの生徒にとって、おそらくベクトルは、（今のベクトル王国じゃないですけど）異次元の世界です。だから、ほかの数学の単元はできるのにベクトルの単元だけできない生徒もけっこういるんですよ。概念の理解が追いついていかないのかもしれません。それまでの持っている知識で対応しようとすればするほど、何をいっているのかわからないみたいな。
逆に、勉強していない生徒にベクトルを教えると、これまでの積み重ねがなくても新しいルールに従ってやればいいので、ベクトルはものすごくできるようになります。要は、ベクトル王国の住民になればいいだけなので。

 ひと言でいうと、矢印を使って図形の長さと面積を求められる。基本的には数字王国に住んでいますが、ベクトル王国にワープしてきて、何時間かすごしました。その国では、基本的には矢印でしか考えません。その矢印は2つの情報を持つもので、「矢印だけを使って話してくださいね」といわれると、ベクトルに対するモヤモヤがスッキリします。

そのたとえに乗っかると、ベクトルで点を取るために、生徒に「ベクトルは新しいゲームだから、そのルールだけ覚えて」といっていたのは、あながち間違いではないですね。

 でも、ベクトルという数学的に2つのことを一気にあらわせる記号って今までなかったから扱い方にとまどいがある生徒が多いってことなんでしょうね。

 とまどう生徒も多いですが、東大の問題でもベクトルが使えるとすごくあっさり解ける問題とかがあります。長さに、ベクトルを入れると求めやすいんです。
私はけっこうベクトルを入れて解いたりするんですけど、高校生の息子に教えていたとき「普通に座標平面でよくない？」といわれました。私は計算する量が多いとよく間違えるので、ベクトルを使います。息子が「どうしてここでベクトル入れようとか思ったの？」とたずねてきたので、正直にわたしは「計算が苦手だから、なるべく処理が少なくなるほうでなんとかなるんだったら、そうしたいと思ったから」と伝えました。わたしのように「一度に2つあらわせるので、すごい便利なのになんで？」みたいな人もいれば、それが面倒という人もいる。

 ベクトル王国の文化を理解して、なじめるかどうかですね。言語や文化が異なる国とのコミュニケーション。いわばベクトルはダイバーシティですね。また少し、数学の理解を深められた気がします。

ポイント！

▶ベクトルは新しい概念なので、まずルールから覚えよう

数列
（等差数列・等比数列・Σ シグマ）

等差数列

 まず「数列」って何ですか？

 「数列」とは、ルールがある数の列のことをいいます。その中でも高校数学の数列は、「ある数に一定の数を足してつくっていく数の列（等差数列）と、一定の数をかけてつくっていく数の列（等比数列）の解き方は、もう全部解明されているので、まずマスターしよう」という言い方はできると思います。

 文字から見ると、「等差」は差が等しいことで、「等比」は比が等しいことですか？

 そうです！ 等差（一定の数を足してつくられる）数列と等比（一定の数をかけてつくられる）数列の２つが基本です。高校で習うのが、$a_n=a+(n-1)d$、$a_n=ar^{n-1}$ という公式です。

 数列は「並んでいる数字から、ルールを見つけなさい」というのが目的なんですね。おおよそ「等差数列」か「等比数列」の２つのパターンなんですね。そこまでは、わかりました。でも文字だらけの公式を見ると、とたんに雲行きが怪しくなって、そこからもうちんぷんかんぷんになります。

それは、また新しい用語があるからなんでしょうね。その決めごとを理解して具体的な数列のどこが対応しているかを確認する前に、公式を先に見ちゃうからじゃないですか？

それはけっこうあると思います。たとえ勉強だとしても、単に「並んでいる数字のルールを見つける」というゲームだけだったら、けっこう楽しいと思うんです。でも、いざ公式が出てくると「あれ、なんだか大変そう」と複雑性を感じるんです。

公式は文字を用いた式だから抽象的です。今回の場合、まず定義がわからないと、ちんぷんかんぷんなはずです。数列の項（前から順番に並んでいる数のこと）は、前からn番目の項を「一般項」といって、a_nとあらわします。等差数列の場合 $a_n = a + (n-1)d$ とあらわされ、等比数列の場合 $a_n = ar^{n-1}$ とあらわされます。dは「公差」といって一定の差をあらわします。rは「公比」といって一定の比をあらわします。これらの意味がわかっていないと「なんだこれは？」となりますよね。

これは、まず公式の意味を理解しないとですね。

そのため授業では、なじんでもらうために、等差数列、等比数列の具体例をあげて、つくり方を確認して、最後に対応させながら文字に置き替えてゆっくり公式に持っていくようにしています。苦手な生徒ほど、すぐ公式を見て「何が書いてあるかがわからない」といいますね。

悪意はないのかもしれないですが、「こんな式があるんで便利ですよ」といきなり紹介して、そこから入るのが余計に壁となっている気がしました。便利だと思うものを紹介したい気持ちもわかるんですけど、それを便利だとわからない人にとっては、すごい複雑そうに思える。でも、いずみ先生がいったように、「こうすると大変ですが、式があるとこんなに簡単に解けます」だったら、たぶん流れが全然ちがう気がします。同じように出てきたとしても、順番が変わると、とっつきやすくなる。

参考書は最初にいきなり公式が出てきますが、教科書は例が載っていて、さすがにそんなふうな書き方はされていません。ただ、教科書は例が1、2個だけなので、私はもう少し例を多くあげて、（時間が許せば）最初の授業は公式は出さずに興味づけだけで終わったりすることもあります。
あと、生徒がよくつまづくところがシグマ（Σ）です。

「シグマ」って、なんですか？

数列の和を求めることです。**Σ（シグマ）という記号であらわすことになっています。いわゆる和（足して合わせた）の短縮形です。**

たとえば
$$\sum_{k=1}^{20} k$$

では、記号の上に20とありますが……。

説明しますと、この記号 Σ がシグマです。Σ の後ろにある k に、1から20までの数字を入れて足しなさいということです。Σ の下に書かれている $k=1$ と、上に書かれてる20の意味は k に入る数だということです。つまり、$1+2+3+……+18+19+20$ の計算をしなさいということです。

$$\sum_{k=1}^{5} k^2$$

上のようにあらわされたときは、k^2 の k に1から5までを入れて足しなさいということです。つまり、$1^2+2^2+3^2+4^2+5^2$ の計算をしなさいということです。

これって計算式を書いたほうが、わかりやすくないですか？

たとえば

$$\sum_{k=1}^{10} k = 1+2+3+4+5+6+7+8+9+10$$

$$\sum_{k=1}^{5} k^2 = 1^2 + 2^2 + 3^2 + 4^2 + 5^2$$

おっしゃる通りです。そのため、わたしは必ず生徒向けに、具体的な計算を少し書き確認します。シグマのよい点は、短くあらわせることと、項数がはっきりわかるところです。

これは日常でも、ちゃんと説明をするとすごい長いんだけど、ひと言でいうと、みたいなのと近いですかね。たとえば、労働基準法に「三六協定」というのがあるんです。

 といいますと？

 「三六協定」は、会社の労働組合とかに入るとわかるんですけど、正式には「時間外、休日労働に関する協定届」といって、「労働基準法第36条により、会社は法定労働時間1日8時間週40時間を超えて労働（残業）を命じられるという協定」のことです。でも、これはやっぱり「三六協定」といって通じるから、話が早いんですよね。「時間外、休日労働に関する～」と全部を毎回説明していたら、どうでしょうか。

たとえば、会社と労働組合の交渉の場で、組合が「これは今、時間外、休日労働に関する協定届を逸脱しているので、労働基準法第36条に違反ですよね」というより、「三六協定に違反ですよね」というほうが早いし、わかりやすい。

 なるほど。「シグマをとります」で通じるという点では近いですね。

 シグマは覚えるというか、ルールみたいなものですか？

 はい、短縮形なので覚えなければ使えません。

 まあ、もう覚えなければいけないものは、余計なことを考えずに覚えればいいわけですもんね。

まとめ

 かなり、かけ足でしたが、この単元では、こういうことを学ぶということを、苦手な人にもできるだけわかるようにと説明してきました。

 1つひとつ聞くと、なんとなくですがわかってきて、数学に対するアレルギー反応は少し消えてきました。

解けるかどうかはまた別の次元だとしても、数学を学ぶ意味というか、目的がわかってよかったです。

数学で必要な「論理力」は、ものごとを組み立てて、筋道立てていくことなんですね。高校のとき、こういうことを教わりたかったなという感じがします。まず、「高校数学はこういうものですよ」ということを知りたかったです。

ポイント！

▶高校数学では、新しい概念、新しい用語が出てくるので、まず覚えて慣れよう

第3章

だから、わからなくなる「数学独特の言い回し」

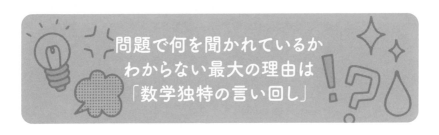

問題で何を聞かれているか
わからない最大の理由は
「数学独特の言い回し」

「数学独特の言い回し」にはこんなものが

この章では、数学の入試問題でとくに多い問題文特有の表現や特有の言い回しによって、「何を聞かれているかわからない」「どう答えていいかわからない」とよくいわれるところにスポットをあてています。また、これらは数学が「できる」と「できない」の分岐点になります。

たとえば、数学の問題では、次のような独特な言い回しによって聞かれます。

・展開せよ
・簡単にせよ
・範囲を求めよ
・すべて挙げよ
・証明せよ
・述べよ
・最大値・最小値があればそれを求めよ
・示せ
・作図せよ
・手順を答えよ
・b を a を用いてあらわせ
・比較せよ
・何個あるか？

・条件を求めよ

・存在する

・「ある」と「すべて」

・どんな関係か？

・または（かつ）

では、早速１つひとつ見ていきましょう。

展開せよ

 まず「展開せよ」は？

 「展開せよ」は、分配法則等で計算せよということです。
たとえば、*(3a+5)(2b−3)=6ab−9a+10b−15* というような計
算のことを指します（41ページ参照）。

簡単にせよ

 「簡単にせよ」は？　もちろん日本語の意味はわかるのですが、
どうすればいいかわかりません。

 同類項（文字の部分がまったく同じである項のこと）をまとめ
て計算することをいいます。つまり「計算せよ」と同じです。
たとえば、*4a−5b+3a+9b=7a+4b* というような計算です。

範囲を求めよ

「範囲を求めよ」は、そのままの意味ですか？

データの範囲の場合は、最大値−最小値のことをいいます。
たとえば、12、5、37、28、30、19、26 というデータの場合
は、$37-5=28$　28と答えます。

「不等号を使って答えてください」というときもあります。
たとえば、「$y=5x-10$ の $y>0$になるxの範囲を求めよ」の場合
は、$x>2$ のように答えます。

すべて挙げよ

「すべて挙げよ」は、文字通り「全部」ですか？

はい。集合の問題ではそういう言い方をします。
たとえば　$\{1, 2\}$の部分集合をすべてあげよ。
　　　　$\varnothing$（空集合）, $\{1\}$, $\{2\}$, $\{1, 2\}$ となります。

証明せよ

「証明せよ」はなんとなく、式で答える感じがするのですが……。

そもそも「証明」には2種類あって、1つは「等式・不等式が
成り立つことを証明せよ」というものと、もう1つは「ある事
柄を証明せよ」というものです。

前者の場合は、左辺の式を変形したものと右辺を変形したものが同じであることを示します。

たとえば、「等式 $(ab+1)^2+(a-b)^2=(a^2+1)(b^2+1)$ を証明せよ」の場合は

左辺 $=(ab)^2+2ab+1+a^2-2ab+a^2+b^2=a^2b^2+a^2+b^2+1$

右辺 $=a^2b^2+a^2+b^2+1$

よって $(ab+1)^2+(a-b)^2=(a^2+1)(b^2+1)$

後者の場合は、たとえば、「素数は無限個ある」などがそうです。その場合は、まず何をいえば証明になるのかを考えていくところからはじめます。

難易度的には、後者のほうが難しいです。考え方のプロセスとしては、次のようなイメージです。

どうやっていえば証明できるのだろう？

⇒　無限にあるよなぁ〜。

⇒　つくり方を考えよう。

⇒　じゃあ、背理法でいこうかな。

⇒　有限個だったとしたら、一番大きな素数がある。それを p と置くと、2から p までの素数を全部かけ算して＋1をするとそれまでのどの素数でも割り切れないから、p よりも大きい素数がつくれたことになる。

⇒　ただ、これは有限個であるとしたから一番大きな素数が存在して、それよりも大きな素数ができたということになり、一番大きな素数 p よりも大きな素数があることになり矛盾。

⇒　よって、素数は無限にあることが示せた。

流れは、こういう感じになります。

国語で、たとえば「100字以内で答えよ」は「95字以上はあったほうがいい」などのように、何割以上書いていないとダメというのと同じで「数学独特の言い回し」も知っているか知らないかの問題ですね。

そうなんです。いくら計算ができても、言い回しによって、どう答えるかを知らないとできないんですよね。

述べよ

次は「述べよ」です。「述べよ」というのは、「しゃべる」みたいなことですかね？

これも「数学独特の言い回し」ですね。「示しなさい」ということです。
たとえば、次のようにです。
「xが実数のとき　xは有理数である」の否定を述べよ。
答え：xが実数のとき　xは無理数である

最大値・最小値があればそれを求めよ

「最大値・最小値があればそれを求めよ」というのは、なかったら答えなくていいんですか？

いいえ、答えなければなりません。その場合、たとえば「最大値なし」と答えたりします。下の図のような例です。

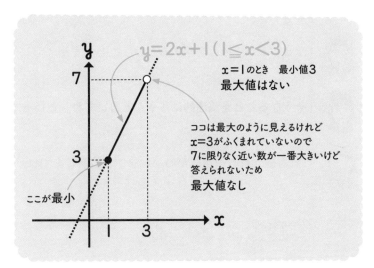

$y = 2x + 1 \ (1 \leqq x < 3)$

$x = 1$のとき　最小値3
最大値はない

ココは最大のように見えるけれど
$x = 3$がふくまれていないので
7に限りなく近い数が一番大きいけど
答えられないため
最大値なし

ここが最小

 「あれば」というのは、予定が合えば行けるよみたいな、ちょっとあいまいな表現に思えます。

 「ちゃんと考察したらどうなっているのかわかるはずだから、答えてください」というようなニュアンスです。しっかり考察できているかどうかが試されている感じですね。

 「あれば」という言い方は試されている。高校時代、そういうことも教えてほしかったです。あいまいなことをいっているんじゃなくて、試されているってことなんですね。

まさに問題の聞かれ方の理解もふくめて試されていますね。

示せ

「示せ」というのは証明するということですか？

「そうなることを論理的にちゃんと書いてね」といっています。

これも聞かれ方の意図がわからないと困惑しますね。

作図せよ

「作図せよ」は、文字通り「図を描きなさい」ということですか？

いいえ、ちがいます。「作図せよ」はコンパスや定規のみを使って条件に合う図を描くということです。適当なイメージの図を描くのを「作図」とはいいません。

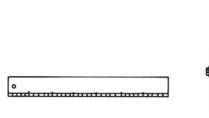

手順を答えよ

 では、「手順を答えよ」は？

 「手順を答えよ」は、作図の手順を答えることで「論理的に描けるということを示しなさい」ということです。わかっているかどうかを知りたいということですね。

b を a を用いてあらわせ

 「b を a を用いてあらわせ」は、式をつくるということですか？

 はい。たとえば $b = a + 5$ など、a がふくまれている式にできるはずだから、a と数字であらわせという感じですね。たいていは問題のなかに a と b であらわされる関係があるので、それを $b =$ という形であらわしなさいということです。

比較せよ

 「比較せよ」は比べること？

 「大小関係」を聞いていることが多いです。こちらのほうがこれだけ大きいとか、問題によってちがいますが、それを答えます。比較して、どちらがどれだけ大きいか（または、等しいか、小さいか）を答えよということです。

何個あるか？

 「何個あるか？」。これは、クリアな聞き方で清々しいです。

 はい（笑）。これはそのままです。

条件を求めよ

 「条件を求めよ」はどういうことですか？

 たとえば「b の条件を求めよ」という場合は、答えの形を示さずノーヒントで、b の答え方をイチから考えて答えてください、ということです。

 そうなると、いっぱい答え方がありそうで、迷うというか不安ですね。

 問題の作成者側としては「しっかり思考してね」ということだと思います。一問一答的な感じで条件反射で覚えている生徒には、問題のたずね方によっては「これだ！」とわかりやすいヒントになったりするんです。しかし、あえて「b の条件を答えよ」とあいまいに聞くことで、「何をするかはあなたが全部考えてください。ヒントはあげません」というニュアンスで、条件反射では答えられないようになっているんです。

この聞かれ方って、なんかいじわるされていますよね

 ある意味そうかもしれないですね（苦笑）。

 それと「条件を求めよ」は、式にして求める？　または文章で求めるんですか？

 思考した結果の条件として、式（関係式のときもある）で求めることが多いです。

 基本は式ですか？　式と文章も混ざるんですか？　これも自由なぶん、迷うというか不安になります。

 そうですよね。そこの判断も「ヒントを出さないから、とにかく答えて」といっているのだと思います。ヒントをあげる気がないという。突き放す感じで、1人でがんばって答えてねという。けれども、ここもわかっている生徒は答えられます。

 本当はそういうこともふくめて「数学的センス」なのかもしれないんですけど、「ここは、こうだよね」の暗黙の了解な感じがイヤですね。

 とにかく「かける」か「足す」か「割る」か「引く」かのいずれかをすればいいんですよねという段階の人は、答えてくれなくていいという感じです。あえて細かくいわないことで、ちゃ

んと理解しているかどうかを見ています。

なんか、けっこう突き放してますね……。そして、そこには親ライオンが子どもを谷に突き落とすような愛情も感じません。

そこは、この聞き方のニュアンスがわかる人だけ、ついてきてくださいという、わりとクールな感じかもしれないですね。

思ったのですが、設問もふくめてこうした聞き方でレベル感が決まるような気がしました。

そうですね。東大や京大の入試問題にも、「あれば答えよ」という聞き方で出ます。

ちょっといやらしいのが、あいまいさを増やすことによって不安にさせますよね。

存在する

では、「存在する」は、「ここにありますよ」ということですか？

「条件を満たす」ですね。たとえば、「x が存在するような y の範囲を求めよ」と聞かれることがあります。このような聞き方は、早稲田とか慶應の入試問題で好んで出てきます。難関大はそのようなたずね方をしてくるので、その言葉の意味を理解していないと、「えっ、何いってるの？」という感じになるんです。

「？」となるのわかります。「存在する」という言葉は、辞書的にそのまま受け取ると「ある」とか「いる」とかですよね。

「存在する」は、数学の問題では「条件を満たしている」という使い方なんです。「条件を満たすものはないか？」と聞くために、「存在する」というんですよね。
たとえば、「2次方程式の実数解が存在する」というと、2次関数とx軸が交わってる（グラフとx軸が離れていない）ときに存在するようなという意味です。まさに、「条件を満たす」ということです。

この用語の解釈は、発明ですね！

発明かどうかはわかりませんが（笑）、私は問題を解くために必要な「翻訳」だと思っています。さらにいえば、「存在することを示せ」ということは、1個でもあればいいということです。

ある意味、ここで試されているのは「存在」という言葉を理解しているかどうかなんですね。

はい。生徒には、まず「『存在』という言葉が出てきても、あわてないで」と伝えています。そして「そういう聞き方を好んで使うことがある」と。

それで思ったのが「人口に膾炙する」って言葉は聞いたことがありますか？　「人に広く知れ渡った」という意味です。だったら、素直に「広く知れ渡った」っていえばいいのに、難しそう

な言い方をする。数学で使う「存在する」って「条件を満たす」ということですが、自分にとってはそれくらい言葉と意味に隔たりがあります。

 なるほど、言葉と意味に距離があるということですね。

 じゃあ、「存在することを示せ」という言い方のときは、1個でも満たすものを見つければいいみたいなことなんですか？

 はい、その通りです。そこは国語の分野になるかもしれませんね（笑）。

「ある」と「すべて」

 「ある」と「すべて」というのは？

 1つでもあれば「ある」で、全部クリアしていなかったらいけないときが「すべて」という言い方です。

 これも問題の聞き方の意味を知っているかどうかですね。

 「聞き方の意味は知っていてね、もし知らなかったら覚えて対応できるようになろうね」という感じですね。

どんな関係か？

次は「どんな関係か？」についてです。

たとえば、「*a*と*b*の関係を求めよ」などと聞かれます。生徒には「これは国語の問題じゃないから、この*a*と*b*が仲がいいとか悪いとか聞かれているのではなくて（笑）、大小関係や等しいとかを聞かれているんだよ」と伝えています。

国語的な意味でとらえると、「関係」というのは人間同士だったら、付き合っているか、付き合っていないとか。付き合っていないけど仲はいいとか。付き合っているけど結婚の意思はないとか。

そうですよね（笑）。交友関係とかに使いますよね。でも、数学においての「関係」は、基本的に「大小関係」や「等しいという関係」です。繰り返しますが、「*a*と*b*はどんな関係か？」と聞かれたら、たとえば、「$a<b$」という大小関係や、「$b=2a+5$」などというあらわし方を聞かれているのです。

または

では、「または」は？　英語の「or」のような意味でしょうか？

これはわたしたちが日常で使っている日本語とは少し扱い方がちがう典型的な例です。たとえば、お店屋さんでポイントが貯まったときに、景品交換ってありますよね。そのとき、お店の

人が「AまたはBを差し上げます」といったら、「AとBのどちらにしますか?」と片方に決めてねと暗黙裏に聞かれているということですよね。まさか「両方ください」とはいいませんね? でも、数学では「または」は和集合のことで「AもBも両方とも」というところもふくまれます。これはベン図で考えるとわかりやすいです。

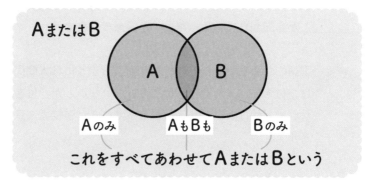

AまたはB

A　B

Aのみ　　　AもBも　　　Bのみ

これをすべてあわせてAまたはBという

　「和集合」とは?

　「和集合」というのは、ベン図でいう円と円を合わせたところすべてです。重なったところも、片方だけのところも全部を指します。「または」は「∪」という記号を使ったり、「和集合」という言い方をします。

　つまり、全部のことですか?

　はい。「または」といわれると、日常ではAだけか、Bだけか片一方のどちらかと思いますよね。だけど、数学では「aかつb」のところも入ります(「AかつB」を記号であらわすと「A∩B」

となります）。

この「または」はどういう問題で出るんですか？

「集合」でですね。
たとえば、A={1, 3, 5, 6, 7}　B={1, 2, 3, 8} という集合がある
とき、「AまたはBは？」と聞かれたら、
答えは、集合A∪B={1, 2, 3, 5, 6, 7, 8}　です。

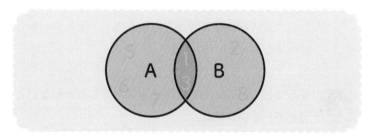

「または」という言い方は、数学において使うときは「合わせた
もの」で、日常では「どちらか片方」というように使われるち
がいがあるということですね。

はい。条件の際に「または」といわれたら、どちらかだけでも
いいし、両方満たしている部分もふくめます。

▶「数学独特の言い回し」がわかると、問題の意図も見える

わかりにくくしている犯人は「定義」や「言い回し」

「言い回し」で数学という大海に溺れてしまう

数学の問題のどこがいじわるなのかが、わかってきました。意味の広い言葉を使って困惑させるわけですね。まず、大きな海に投げ込むんです。それで、「定義」や「数学的な言い回し」はいわば目的地や泳ぎ方のようなもので、それがわからない人は、溺れてしまうわけです。

なるほど……広い海で目的地も泳ぎ方もわからないと、それは溺れてしまいますね。

数学の問題の傾向もつかめてきました。「かまいたち」というお笑いのコンビのネタで、あえて面白くするためにわかりにくい表現をしているものがあるんです。日本語をすごくわかりにくくしてるネタで、ボケの人が「もし俺が謝ってこられてきたとしたら、絶対に認められてたと思うか？」というと、なんだかよくわからなくて「何いってんだ！」みたいに突っ込むんです。「数学的な言い回し」って、なんかこれに近いんですよね。

謝ってこられてきたとしたら……？？？

よくわからないですよね。数学の持って回った感じの言い方も素直じゃないですよね。

今の「持って回った言い方」という表現は、すごく共感できますね。

高校時代に、どうして数学をドロップアウトしてしまったか、その理由がなんとなくわかってきました。

何をいってるかわからないから答えられない人が多いわけで、その「数学の独特の言い回し」を理解できた人しか答えられないということだからですかね。数学で使う言葉が、法律用語とか業界用語みたいになっちゃってるということですよね。だから、言葉自体を学習するのも必要ということになります。

ああ、ある意味、法律用語に近いかもしれないですね。正確さをあらわそうとして……逆にわかりにくくなるというようなところが。民法とかも用語でわかりにくくさせているのと似ています。
「代理人が自己の占有物を以後本人のために占有する意思を表示したときは本人はこれによって占有権を取得する」って、わかりますか？　「自分がこれは自分のものといったら自分のもの」ということなんです。

たしかに、法律ってそういう言い方をしますよね。やっぱり、数学をわかりにくくしている犯人は「言い回し」ですね。

生命保険の約款とかも、細かく書いているのに加えて、独特の言い回しにすることによって、わけがわからなくさせていますからね。

契約書も「甲が乙に……」と、そんな感じですね。

 たぶん契約書に書いてあることを直訳すれば、「相手の許可なく勝手に他で売っちゃいけませんよ」とか、そういうことなんですよね。

ポイント！

▶「数学特有の言い回し」を覚えておくと、問題がスムーズに理解できる

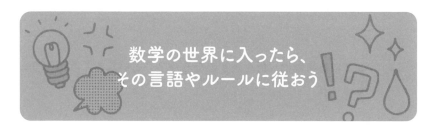

数学の世界に入ったら、
その言語やルールに従おう！

高校数学は異文化コミュニケーションのつもりで

ここまでの結論として、数学ができる人は、数学の世界にちゃんと自分から入ってあげている気がします。

自分から入ってあげている？

そう、とくに高校数学は日常と言葉の意味もちがえば、考え方もちがう世界。たとえばの話なんですけど、海外旅行に行くと、現地ならではの慣習ってありますよね。インドだとご飯を手で食べるみたいな。高校数学の世界もそれに近いというか、下手をすれば、言語も、考え方もちがうというくらいに。

高校数学という世界に行くなら、その世界の住民になるつもりで行かないといけないということですか？

そうです！　ああーっ、そういう異なる世界という認識がなかったから、自分は高校数学の世界になじめなかったわけだ。たぶん中途半端に中学まで数学ができたと思っていたので……。高校数学も同じ世界の延長だと。

なるほど、もしふだん自分が生活する国とは異なる国だとわかったら、意識してなじもうとしますよね。「この国の人たちが話

している言葉は、何を指すのだろう？」というところから理解
しようと。

 海外に行ったら、国によっては日本のように車は左車線ではな
く右車線とか。でも、その国のルールに合わせなきゃいけない
わけですよね。

 そうですね。その流れでいうと「数学的な言い回し」は、まさ
に「翻訳」のようなものですね。

 英語を日本語に翻訳するように。いわば高校数学という国の考
え方や言語を理解するためには。

 そうやって意識することが必要かもしれないですね。

 さらなるたとえが続くんですが、ラグビーって昔はルールがわ
からないから、テレビで試合を見ても何をやっているのかよく
わからなかったんです。それって、高校数学がわからない感覚
に近くて。でも、2019年に日本で開催されたラグビーのワール
ドカップの試合を見て面白くなれたのは、「相手がいる向こうの
線を越えてボールを置けばいい」というルールがわかったから
です。

 **高校数学も、ルールを覚えて、そのルールを最大限に使えるよ
うになろうと思うことからはじまる。そのルールを知らずに取
り組んでも、面白くもないし、勝てないと。**

ルールも、勝ち方も知らないと、そりゃ、落ちこぼれますよね。ただ、中学数学で若干かじってはいるんですよ。それが、なまじタチがわるい。なぜなら、高校数学も最初はいけそうな感じがしたわけです。あらためて、いずみ先生が「高校数学は急に抽象度が増します」といっていた意味がよくわかりました。

英語でいうならば、中学数学が日常会話の「おはよう」とか「顔を洗った」とかのレベルだったのが、高校数学は英語で政治の話をするとか、自分の考えを述べるくらいの差かもしれないですね。

それくらいレベル感もちがっているから、それさえも気づかないと、自分のように知らないうちに落ちこぼれるんですね。中学で数学を習っているから、そこそこできるだろうと思っていたら、高校数学になったら通用しない。

それこそ、言い回しも難解になりますからね。

これまで、高校数学で落ちこぼれたという事実はもちろん自覚していましたが、「だから、高校数学になってわからなくなった」という原因が納得いきました。

これはファミコン世代でないとわからないかもしれないのですが、「スーパーマリオブラザーズ」は何回かやればけっこう簡単にクリアできたんですね。でも、続編の「スーパーマリオブラザーズ2」は、ものすごく難しくなっていたんです。中学数学と高校数学の関係はなんだかそんな感じです。主人公のマリオ自体の操作のしかたは同じだけど、「スーパーマリオブラザーズ

2」は全然クリアできない。同じゲームと思っていたけれど、俯瞰してみるとレベル設定がまったくちがったわけです。しかも、クリアできて、うまくなれば楽しいんですけど。それができないから、「スーパーマリオブラザーズ2」も高校数学も面白くなかった。「高校数学で落ちこぼれた理由」がよくわかりました！

ポイント！

▶「言い回し」を覚えるというのは、問題の入り口に入るためのパスポート

第 **4** 章

「問題の背景」がわかると解ける

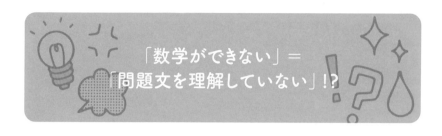

「数学ができない」＝
「問題文を理解していない」!?

「問題が何を聞いているかわからない」問題

3章では、どちらかというと大学受験に関することで、私が常に意識している「数学的な言い回し」を取り上げました。ただし、それを理解しても「そもそも問題で何を聞かれているのかがわからなかった」とか「何をいってるかわからない」という生徒がいます。それは、そもそもの問題のとらえ方が浅いのですが、とらえ方にもコツがあるんです。

「そもそも問題で何を聞かれているのかがわからない」ということでつまずいている人の気持ちは、自分もそうだったのでよくわかります。

では、実際にどんなふうに問題をとらえたらいいか、ちょっと解説しますね。

その1　《2次方程式の問題》はこうとらえる

「2次方程式 $ax^2+bx+c=0$ が出てきたら、左辺が2次関数で、x 軸（$y=0$）との共有点があるのかないのかをたずねられている」と理解します。このとらえ方ができてない生徒は少なくないです。「2次方程式は解いて、$x=○$ と答える」と思いこんでいます。「○○を解きなさい」のように、やるべきことが明確なら解

けます。しかし、問題をもとに自分で考えて解かなければならない場合に、やるべきことがわからないというのは、２次方程式が２次関数と*y=0* との連立であるという見方が理解できていない可能性が高いのです。

この２次方程式も、「２次関数と x 軸の共有点があるのかないのか」を聞いているとわかると、次に何を、どうすればいいかがわかるということですかね。

そうです。

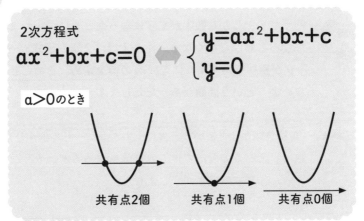

この「２次関数と x 軸がどんな関係になっているのかということを聞いてますよね」ということが見えるようにすると生徒も理解してくれます。

たとえば、２次方程式を解くのは、公式を知っていれば解けますか？

２次方程式を解くのは次の「解の公式」でできます。しかし、式に文字が入ってくると意味が突然わからなくなるようです。数字だけなら、具体的なので対処のしようがあるのですが。

$$ax^2+bx+c=0 \qquad x=\frac{-b\pm\sqrt{b^2-4ac}}{2a}$$

（解の公式）

それは決められたルールに従ってやればいいからですか？

そうです。しかし数字が文字になったときに……つまり抽象的になるとわからなくなる。たとえば「２次方程式 $x^2+mx+25=0$ が重解を持つように定数 m の値を定め、そのときの重解を求めよ」という問題があったとします。

「重解を求めよ」という条件で、すごくハードル上がります。「定数 m」というのも出てきて、重解を求めるという。なんか、たくさん作業する感じが今しました。

ここでの作業は１つだけですよ。２次関数は上に凸あるいは下に凸の放物線になることがわかっている前提で話しますね。「重解を持つ」ということは、グラフは x 軸と接してる（１点でくっついてる）状態ですよねという話です。ということは、この左辺の２次関数は因数分解でき、重解ということから同じ解を２つ持つので、かっこの２乗になってるということだとわかります。これは判別式を利用するとやさしい問題で（解が１つの

みだから、判別式＝0を解けばいいよねということで）、パターンがはっきりしてるので、多くの生徒が解けます。

判別式
$$D=b^2-4ac$$
$$\left(x=\frac{-b\pm\sqrt{b^2-4ac}}{2a}\right)$$
（解の公式のルートの中の式のこと）

たとえば
$$x^2+mx+25=0$$ が重解をもつとは

判別式
$$D=m^2-4\times1\times25$$
$$=m^2-100$$
$$D=0$$ であればよいので
$$m^2-100=0$$
$$m^2=100$$
$$m=\pm10$$

このような場合になることをいっている

基本的には、式の流れはグラフや図などで描いたほうがわかりやすいんですか？

はい、図示は大切なアプローチのしかたです。教えるときも、生徒が明らかにわかっているときからグラフや図を描くようにしていると、文字が入った式になったときに、突然何をしていいかわからなくなった生徒にアプローチができます。

だから、「具体的なときにはこういうことだったよね。文字になったときもこれと同じことをいってるんだよ」という共通の会話ができるものをつくるために、授業では黒板にグラフは必ず描いて話してます。

「2次方程式はこういうことを聞かれている」とグラフや図を見てわかればちがいますね。

「問題の背景」をつかもう

じつは「数学ができない」というのは、ほとんどが「問題文を理解していない」ことと同じ話なんです。

たしかに、問題がわからないというのは、解けるかどうか以前の話ですね。いま他人事のようにいいましたが、自分がまさにそうでした。

実際にこれまで生徒に高校数学を教えていて、「問題が何をいってるかわからない」という声をよく聞きました。それは「問題の背景」をつかめていないからなんです。中学数学は、問題文を読めば解き方もわかるものがほとんどでした。でも、高校数学はある意味、そこまで親切ではないんです。

「問題の背景」って前にも少し出てきましたね。あらためて、どういうことですか？

いきなり「背景」というと、よくわからないですよね。だから、生徒に問題を解説する前に、まず「この問題って、なんでこう聞いていると思う？」とか「なんで、こんな言い回しになってると思う？」とか「何を聞きたいから、こんなふうな問題になっていると思う？」というような質問をするんです。

生徒は、どうなるんですか?

はじめは生徒は「?」が10個くらい頭の上に飛んでいて、「先生、何いってるのかわからない」となります。急に聞かれると、当然そうなると思うんですね。

それで、私が生徒に「出題者が『この問題って、こういうことを習ったけど、わかっているかな?』とか『こういう意味でとらえることができているかな?』という確認のために聞いているんだけど、この問題をやるときにそういうこと考えてた?」と聞くんです。すると多くの生徒は、「いや考えてません」と。厳しい言い方をすると、高校数学は「出題者がどういう意図で問題を出しているか」を考えてない子は、ずっとできないと思います。その意図を、私は「問題の背景」という言葉を使っているんです。

「問題の背景」がつかめるかどうかは、高校数学が「できる」か「できないか」の分かれ道ですね。

はい。授業では「この問題は、こういうことを聞きたいから、こういう出し方をしているんだよ」と生徒が「もういい」というまで、出てきた問題ごとに「背景」を説明するんです。そうすると、生徒もだんだん「この問題はこういうところがキモなんだな」とつかんできます。

その結果、新しく出会う問題でも見方が変わってくるんです。今まで真正面からしか見ていなかったのが、横から斜めから見たらわかるようになるような。ちょっと見方を変えると、じつはめっちゃくちゃヒントがあるというのがわかるんです。

「問題の背景」は、教科書を読むだけだと気づかないですね。

教科書はガイドブックではないので、問題の解き方を教えてくれるわけではないんです。わからない生徒が教科書を読んでわかるんだったら、誰もこんなこと（わからない状態）になっていませんよね。

「問題の背景」がつかめるようになるには、まず「数学独特の言い回し」を覚えて、問題を読める状態になることです。そうして、「この問題はどんな論理展開」なのかを意識しながら、いろいろな問題で練習して積み重ねていくと「読解力」が高まります。

数学の「読解力」を高めるトレーニングとして、自分で問題を解くときに、参考書に書いてある解説を読んだり、今だと動画の講師の解説を聴いたりしながら、「（式変形や流れで）なぜ、そういうふうにしているんだろう？」と考えるクセをつけましょう。この「なぜ、そういうふうにしているんだろう？」というのが、いわば「問題の背景」とも重なるため、先生に聞いてみるのもいいと思います。

わからない生徒も「問題の背景というのは、こういうものでね」というのを話してもらえると、自分で問題を見たときに、「この問題は、こういうことを聞いているから、きっとこう答えればいいんじゃないのか」という勘が鋭くなってくるようです。

超天才の人じゃなくても、何回も何回も「問題の背景」について説明すると、慣れてきて、つかめるようになり、1人でも勉強できるようになります。

「問題の背景」がつかめるかどうかは、数学の問題が何を聞いているかどうかがわかるという「翻訳」的な能力ですね。

本当に「翻訳」に近いかもしれないですね。

ポイント！

▶「問題の背景」を意識すると、「この問題はどんな論理展開なのか」が見えてくる

必要なのは
「前提」＋「言い回し」＋「読解力」

「できる」と「できない」の大きな分かれ道

あらためて、数学は「問題文を理解する読解力も大事」なわけですね。それとも読解力がいくらあっても、「前提」みたいなものを知らなければ解けないのか、どっちなんですかね？

「前提」を知ったうえでの「読解力」ですね。「前提」というのは、高校数学の常識みたいなものです。たとえば、方程式を解くときにxを左辺に持ってくるとかもそうです。さらに正確にいえば、「前提」を知って、「数学独特な言い回し」がわかったうえで「読解力」がいります。

そういうことを知らなかったから、落ちこぼれたのかもしれません。

教科書の言葉そのままだと、生徒によっては理解が難しいので、めちゃくちゃ意訳をして「こういう感じ」と伝えると、生徒も「うんうん、わかった」といってくれます。意訳は数学的に厳密性に欠ける部分はあるかもしれませんが、大意をつかんでくれたほうがいいと思って話しています。

では、数学が得意な子たちのクラスは、先生が説明しなくても自分でわかるんですか？

成績が上位のクラスの生徒は、説明がなくてもわかるんじゃないかな、と私は思います。自分で問題を解きながら「前提」も見出せているからです。

そういう生徒は、新しい単元で先生が教えなくても「ここは、こういうことを聞かれるんだな」とつかめるんですか！　それって「数学的センス」みたいなもの？

「前提」が見出せる生徒は、教科書に書いてある定義の意味を理解して、それに対して誠実にやればいいということをつかみます。つまり、定義を用いて、立ち向かえばよいということを体得しているのです。だから、がんばろうと思えるのだと思います。しかし定義があやふやな生徒は、やり方を覚えて……という感じになっていて、理解はしていないけど、とりあえず答えを出せばいいという感じで取り組んでしまいます。

それって、暗にいっていることをつかむということですか？
暗黙の「前提」というのは、素人にやさしくないですよね。

ある意味そうですね（苦笑）。

使う武器はみんな平等かもしれないけれど、一方では使い方をちゃんとわかっている人と、そうでない人がいるわけですね。たとえば剣道とかも、基本を習っている人と、とりあえず竹刀を振り回せばいいと考えてる人とでは全然ちがいますよね。

たしかに数学が苦手で「前提」を知らない生徒は、どう使うのが有効なのかも知らずに、武器だけ渡されている状態に近いかもしれません。

わからなくて進む派と止まる派

 この流れで、もう1つ高校数学を学ぶうえで聞きたいことがあります。それは、わからないけれども進むべきなのかどうかということです。

友人と家で録画した映画を見ていて、友人は状況が呑み込めないと、一度止めて、この人はどういう人で、主人公とどういう関係があるのかなど全部知らないと先に進めないというんですね。逆に、自分はあとからわかることもあるから、止めずにとりあえず見る派なのですが。

それでいくと、数学は多少わからないことがあっても、どんどん進んだほうがいいのか、全部納得してから一歩ずつ進んだほうがいいのか、どちらですか？　もちろん何もわかっていないと進めないとは思うんですけど、進みながら見えてくることもあったりするんですか？

 進みながら見えてくることはあると思います。今のご友人の例のように、全部確認しないと進めない生徒もたしかにいますね。定義（用語など）は覚えていないと、ルールがわからないので進めなくなります。その場合は戻って確認してください。

そのほかは、私は教える立場から本筋をおおまかにでも理解してもらえればという気持ちが強いので、「まずは、わかるところからやろう。わかるところの式を立ててみて」とすすめます。

本気で全部気になり出したら、たぶんあんまり進めないと思うんですよね。たとえばですが、問題で「異なる6個の宝石があります」とあって、「6個の宝石って、ダイヤモンド？　ルビー？」とか、そこで気になり出したら、問題を解く以前で止まってしまいます。

たしかに（苦笑）。ある日、「ああ、そうだったのか！」と気づくこと（わかること）もあるので。完璧主義だとやっぱり厳しいと思いますね。

ただ、用語とかでつまずいたりすると、そこで、もうわからなくなったりします。

「定義」や「用語」はしっかりと覚えること。これは基本ですね。

▶「前提」や「定義」を理解したうえで、問題に立ち向かおう

「2次関数が大きな壁となる」
という問題

入り口はちがう単元だけれど出口が2次関数

次に高校数学で苦手意識のあった単元の1つは、2次関数です。2次関数って、その単元だけじゃなく、いろいろな場面で出てきた記憶があるのですが……。

そうなんです。2次関数は高校数学のさまざまな分野で出てきます。前提として2次関数はグラフと組み合わせて使えるようにしておかなければなりません。

2次関数って、そんなに重要なんですか？

はい。まずは、2次関数を理解し扱えるようになること。また、問題の入り口は2次関数ではないけれど、「2次関数を用いて処理する問題だった」という問題（とくに入試問題の多く）があるので、それに気づけるかどうかということです。

高校で数学が苦手になった自分としては、中学までの1次関数は耐えたんですね。そこまでは耐えたけれど、高校に入って2次関数で耐えきれなくなった。
しかも、2次関数は1次関数よりもかなりパワーアップして、やたら顔を出してくる。その出現率は「あれ、またあなたですか……」みたいな感じで、これって避けて通れないですかね？

避けて通れないですね。2次関数は数学Iなので、文系でも逃げられません。

「2次関数」と仲よくなる秘訣

この2次関数と仲よくなる秘訣はありますか？

あります。「平方完成」ができ、グラフが描けるようになることです。「平方完成」とは「$y=ax^2+bx+c$」の形を「$y=a(x-p)^2+q$」に変形することをいいます。
「平方完成」は、最大値や最小値を求める際には必須です。これを寝ててもできるようになっておくことが必要です。

寝ててもですか！　さすがに寝ててはできないと思いますが（笑）、それはさておき「平方完成」というのは変換作業みたいな感じですか？

はい、そうです！　スラスラできるようになるまで練習してください。

ちなみに、「平方完成」って漢字でその意味をあらわしているんですか？

カッコの2乗というのが「平方」なので、それを「完成」させるということですね。「2乗の形を完成させる」と、日本語の言葉も理解していると、よりとっつきやすくなる。これも数学用語の1つなので、専門用語ですね。

なるほど、2次関数は「平方完成」が基本だったんですね。そして、グラフまで見通せる状態になることが求められていた。まったく、そのプロセスやゴールは知らなかったです。

中学までの数学ならば、たとえば「平方完成」の変形が速くできればよかったんです。しかし高校数学では、大学の入試問題などで「平方完成をしなさい」とは出てきません。「平方完成」ができるのは前提で、使わないと答えが出ないのです。

グラフが出てくると、めんどくさそう

「平方完成」という変形や、グラフに精通できていなかったから、高校数学から落ちこぼれてしまったというのも考えられますか？

その可能性は大いにあるかもしれないですね。目的や意味がわかるだけでも、問題を解くのが楽しくなると思います。

グラフで思い出したのが、ビジネス書などでもよく引用される「3人のレンガ職人」の話です。
ある人が、3人のレンガ職人に「何をしているんですか？」と聞きました。すると、1人目は「レンガを積んでいます」。2人目は「レンガを積んで壁をつくっています」。3人目は「レンガを積んで、後世に残る大聖堂をつくっているんです。このような素晴らしい仕事に就けてとても光栄です」と答えます。同じレンガを積むという作業でも、目的がちがうわけです。
この話ではないですが、グラフって、自分にとっては「レンガを積んでます」みたいな感じでした。よくわからないけど、し

かもめんどくさそうというイメージでした。

グラフが嫌いなのは、それがどこにつながっていくかが見えない作業をやってるみたいな感じが原因だったのですね。

今のような説明を高校のときに聞いていれば、もう少し粘れたかもしれないです。グラフがそんなに重要だとは思ってませんでした。

「中学までは数学が好きで得意だと思ってました」という言葉は、グラフが苦手という生徒からよく聞きます。

でも、グラフはとても重要なんです。なぜなら、2次関数のグラフは放物線でカーブしているので、考えなければならない範囲がどこか（頂点が範囲にふくまれているか、ふくまれていないか）によって変わってきます。曲線は直線のように最小や最大が端とは限らないため、グラフを描くことで、視覚化され迅速に最大値や最小値も正確に判断ができます。

最小値や最大値はなかなか頭の中だけではつかめないから、実際にグラフを描いてみるということですか？

そうです！　大事なことなので繰り返しますが、直線（線分）のときは、定義域の端が最大や最小になります。だから、線分の最大値と最小値は簡単にわかりますが、曲線だとカーブしているため、曲線の端が最大・最小とは限らないのです。

したがって、定義域の端の値を代入すれば最大値と最小値が求められるという単純な話ではありません。そのため、まずはグ

ラフを描くことが大事なのです。描いてみて、観察してみてはじめて気づけることは多いのです。

たとえば、$y=x^2-4x+5$ の場合は、こうです。

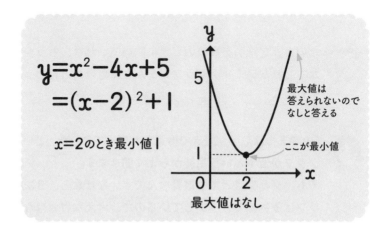

$$y=x^2-4x+5$$
$$=(x-2)^2+1$$

$x=2$のとき最小値1

最大値は答えられないのでなしと答える

ここが最小値

最大値はなし

 なんだか、グラフの重要性についてわかってきました。たとえるなら、駅からスーパーまでの道を説明されて「角を左に曲がって、その先を右に行って、その突き当りを〜」といわれるとだんだんわからなくなりますよね。しかし、地図をパッと見たら早いような感じですかね。「グラフって、なんのために描いているんだろう？」とずっと思っていたんですけど、そういうことなんですかね？

 おっしゃる通りです。**グラフは視覚に訴えかけます。たとえばグラフを見れば「ここが一番小さい」というのが一目瞭然です。**

 そして、グラフとともに2次関数は「平方完成」が基本で、練習も必要で、これらができるようになりましょうということは

理解できました。ちなみに、2次関数は練習すれば自動的にできるようになるものですか？

できますよ！　そして、これは方程式、不等式のとらえ方、最大値、最小値の場合分けにも関連します。グラフの概形がわからないと、軸と範囲の位置関係がわからない。（詳しくは後述する）「場合分け」にもつながりません。全体像がイメージできなかったら、話が進まないんです。

さらに、わかってきました。根拠なく、だいたいでこんな感じかなあとグラフを描くんじゃなくて、ちゃんと数値を出す式を導いて、変換とかできるようにして、その数値をもとにグラフを描いて、どんな状態になっているかを組み立てていくことを2次関数ではやっていくということなんですかね？

そうです！

できるかどうかは別問題ですけど、「平方完成」や「グラフ」をやる意味はすごくわかってきました。そして自分が自信がなかったり、天才じゃなかったりして、間違わずに解こうと思ったら、グラフは描いたほうがいいってことですよね。

そうです！　だから、私は必ずグラフを描くように伝えています。「図を描けば、頭で覚えなくても、直接見て、そこで判断すればいいだけだから。頭はもっとちがうところで使おう！」といっています。

グラフを描くのはめんどうで、しかも作業が増えるから遠回り
だと思っていたのですが、むしろ問題を解くための近道だった
わけですね。

▶ 2次関数は、平方完成がスラスラでき、グラフを描けるよ
うになるまで練習することで、使える武器になる

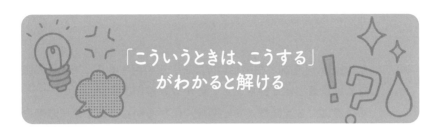

「こういうときは、こうする」
がわかると解ける

最大値や最小値を求める問題の4つのパターン

 ここからは「こういう場合は、こうする」と解き方が見えてくる、という話をしていきますね。

 問題をパッと見て、すぐに何をしたらいいかわかるんですか？

 いいえ、その逆で問題をパッと見てもわからないケースです。

 どうすればいいんですか？　何かすごい必殺技みたいなものはないんですかね。

 それがあるんです。まず、数学ⅠA、ⅡBの範囲の大学入試で頻出の「問題自体をパッと見ても、わからない最大・最小問題」の対策用には、次の4つを覚えておくことをおすすめしています。

1つ目が、最大値・最小値を求めるべく、式を変形して処理した結果、2次関数の形になったから平方完成してグラフで判断できるパターン。

2つ目が、（変形して処理した結果）三角関数のsinとcosの何倍かしたものの和の形になるため、合成ができ（sinのみ、あるいは、cosのみなど1種類になるから）、範囲が押さえられるパターン。

3つ目は、「相加・相乗平均の関係」を利用することで、最大値あるいは最小値を押さえることができるパターン。

4つ目は、3次関数（4次関数）になるから微分して増減表を描いてグラフから判断できるパターン。

「数学ⅠA、数学ⅡBの範囲の最大値と最小値の求め方は、この4つだけだから覚えておきましょう」と生徒に伝えています。

4つのパターンのうちどれかなら、なんとか糸口が見えるかもしれないのですね。

そうです！ 生徒には「パッと見わからない最大値・最小値の問題はこの4つのどれかに落とせると思って一生懸命『どれになるのか？』と考えながら解いてね」と伝えています。

またまた、たとえるとなんですけど、洗濯機が故障しました（＝問題）。道具としてプラスドライバー、マイナスドライバー、ペンチ、スパナの4つの道具（＝解法のパターン）があって、故障を直すには4つのうちのどれかが一番使えますよ、というようなことですかね？

そんな感じですね。さらにいえば、問題の最初の顔と最後のオチがちがうというのは、難易度が上がるほどよくあります。

そうかあ、無限にやり方があるわけじゃなくて「4つのどれかですよ」ということなんですね。

それと、1つ思ったんですけど、問題の最初の顔と最後のオチがちがうことはままあるというのは、高校数学のハードルがぐ

っと上がる大きいポイントな気がしました。これも高校数学の
前提としてとらえたほうがいいんですね。

はい！　そうですね。そうなる可能性があると知っているだけ
でもちがいますよね。そして、いくつかパターンがあるとわか
っていると、「今回はこのパターンだな」と予想しやすくなりま
す。

> ▶大学入試で頻出の最大値・最小値の問題は、4つのパター
> ンでほぼ解ける

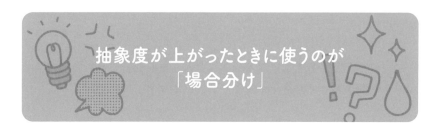

抽象度が上がったときに使うのが「場合分け」

場合分けは「こうだったら、こう」を考える

次は「場合分け」です。「場合分け」は数学用語ではありません。「場合分け」は「こういうときは、こう」というパターンごとに答えを用意することです。

「場合分け」はどんなときに使えるんですか？

たとえば、体育祭の日が今週の木曜日に決まっていたとします。晴れだったら体育祭を行います、雨だったら木曜日の時間割になります。これが天候で行った「場合分け」です。「こうだったら、こう」「こうだったら、こう」というのが、まさにそれです。体育祭をやる日を決めました。晴れだったら体育祭。「では、雨が降ったときも考えてますか？」というようにです。

シチュエーションごとにシミュレーションして分けて、考える感じですか？

そうです！　だから、「場合分け」の意味がわかっていないと、答えが定まらないんです。いろいろなシチュエーションが考えられるけれど「どれを答えたらいいんだろう？　これかな？」みたいな、あてずっぽうな感じで答えている生徒もいます。すべてのシチュエーションごとにそれぞれの答えを用意しないと

〇がもらえません。

「場合分け」のスタンスとしては、いろんな可能性があると、しらみつぶしでやるくらいがいいんですかね？

そうですね。まず、実験をして（具体的な数字で試して）みると「場合分け」の糸口が見えたりしますよ。「この場合だったら、こうなったよね」「また、この場合だったら、こうだよね」と自分で分け方を考えないといけないなんて、不親切な問題の聞き方といえば、そうなんですけど。

「場合分け」は、教科書に載っている用語なんですか？

「場合分け」自体の説明は、教科書には載ってないですね。

あれですね。大工さんの職人の棟梁がいて、弟子に「そこ、仕上げとけ」っていって、棟梁の「仕上げとけ」というのを知っている人はニスを塗るとか布で拭くとかわかっているわけです。でも、その「仕上げとけ」の意味がわからない人はポカンとしちゃう感じに近いです。

そうですね。「場合分け」とは、そもそもなんなのかという説明は教科書にも載っていないことに加えて、教える側は当たり前になっているので、「場合分け」についてとくに説明なく使っているのだと思います。だから、生徒のなかには「どうしてこのとき、場合分けってわかるんですか？」となるのですね。

「場合分け」は教科書には載っていないのに、常識的になっているというのは、まさに暗黙のルールですね。

そうですね、おっしゃる通りです。

ただ、さきほどの体育祭の説明はわかりやすかったです。さまざまな場合に分けて、考えられる場合ということですね。数学では、それを数字と文字を使ってやってみますということですね。

「場合分け」を実際の問題でやってみよう

「場合分け」で可能性を探る

「場合分け」は、問題の抽象度が上がったときに使えるアイテムということを、ぜひ実感してほしいです。そこでいきなりですが、ここで質問です。

「2次関数 $y=x^2-2x+5$ $(0 \leqq x \leqq 2)$ の最小値を求めよ」

この問題を考えてみましょう。

まず何をしたらよいでしょう?

ええと……。2次関数はグラフを描いて考えるのと、あと平方完成……でしたっけ?

そう、平方完成です! 平方完成をすると、$y=(x-1)^2+4$ となります。

軸が $x=1$ なので、範囲の $(0 \leqq x \leqq 2)$ も入れると グラフは下の図のようになります。

グラフから、$x=1$ のとき 最小値は4と求められます。

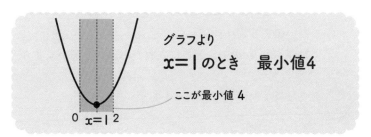

グラフより
$x=1$ のとき 最小値4

ここが最小値4

0 $x=1$ 2

なるほど。グラフを見ると、わかりますね。

 では、より抽象度を上げますね。次の問題はどうでしょう？
「2次関数 $y=x^2-2ax+5$ $(0 \leqq x \leqq 2)$ の最小値を求めよ」
$2x$ のところが $2ax$ になりました（式に文字が入りました）。
では、まず何をしますか？

 ええと……、やっぱりとりあえずグラフを描いて考えるために
平方完成ですかね？

 そうです！　すばらしい！！
平方完成は、$y=(x-a)^2-a^2+5$ となります。
グラフを描くと、こうなります。

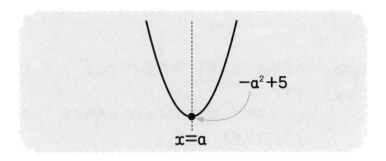

さきほどのように、このグラフに x の範囲の $(0 \leqq x \leqq 2)$ を入れ
たいのですが……。
軸が $x=a$ なので、どこに入れたらよいと思いますか？

 ちょっと質問していいですか？

はい、もちろんです。

a にはどんな数字が入るんですか？ 何を入れてもいいのですか？

わかります。悩ましいですね。a は文字なので、いろいろな数字が入りますよね。というか、いろいろな数字が入るので困ってしまいますよね。

a に入れる数字によって、範囲の $(0 \leqq x \leqq 2)$ がどこら辺になるのか、変わってくると思うんですけど……。

そうなんです。だから、ここで「場合分け」を使うんです。「こういうときは、こう」と、シチュエーションごとにシミュレーションするんです。つまり、次の図のようにです。
① $2 \leqq a$ のとき　② $0 < a < 2$ のとき　③ $a \leqq 0$ のとき
という3つが考えられます。

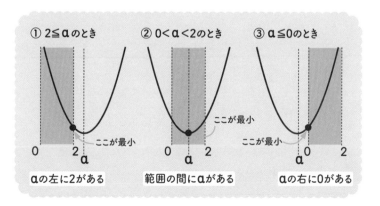

「場合分け」は、問題の抽象度が上がって、今回の場合のように、aの文字にどんな数が入ったらどんな答えになるかシミュレーションすることなのです。

なるほど、「場合分けをしなさい」と問題ではいってくれてないけれど、場合分けをすると答えられる、というのがこういうことなんですね。問題をたくさん練習すると、「ここは、場合分けをするんだな」と気づくんですかね？

そうなんです！　問題の数をこなすことで、「ここは、このパターンで解けばいいんだな」という数学的なセンスが磨かれていくんです！

ポイント！

▶場合分けは、シチュエーションごとにシミュレーションすること

第 **5** 章

高校数学って 「そういうこと だったのか！」

数学を擬人化するなら
「職人気質な師匠」

数学の記号は、「よかれ」と思ってあるみたい

いずみ先生に、ここまで話を聞いてきて、わかったことがあります。サイン、コサイン、リミットをはじめ新しい概念や記号が出てくると、「なんか、また新しいものを覚えなければいけないんだ……」とイヤ～な気持ちになります。ただ、数学という学問自体はよかれと思って「これは記号にしてあげたほうが、共通理解で手っ取り早くなりますよ」という気持ちなんだと。

数学という学問の心情を分析したわけですね（笑）。何度も出てくるものは記号にして、便利にしてくれているということですね。

ただ、数学が苦手になったのは、記号などをはじめ予備知識がないと、どんどん覚えることが増えて、複雑になって、さらに新しいのが登場して、となるところです。高校時代は漠然と数学が苦手でしたが、今振り返ると、それも大きな原因の１つだったんだと思いました。

予備知識、いわゆる「定義」は覚えないと使えないし、意味もわかりません。こればかりは「覚えてください」というしかないですね。

数学は口数が少ない職人気質の師匠みたい

あくまでも個人的にですが、数学という教科に対して擬人化したイメージです。口数は少ないんです。でも、たまにおせっかいなんです。こういう公式を使ったほうがいいよとか、これは記号にしたほうがいいよとか、それとなく押しつけてくる。そんなイメージですね。でも、あんまり詳しくは説明してくれなくて。だから、数学というのは、そういう人と思って付き合わないといけない。

ふふふ。はじめから数学の性格がわかっていたら、付き合い方も変わったかもしれないと？

勝手なイメージですけど、数学は職人っぽくて、無口で「背中を見て覚えろ」みたいな師匠的な感じです。師匠はたまに、いきなり道具をポンと渡してきて、こちらは「ええっ！　この道具、どういうふうに使えばいいの？」ととまどう。それでも、師匠はあんまり説明してくれない。ただ、そもそもうちの師匠はこういう人だと思えば、まあ割り切れる気がします。

なるほど、数学という学問を人格化したわけですね（笑）。

この「師匠的」なイメージは、数学の世界観ともいえますね。よく化学とかでも元素記号を擬人化して萌えキャラみたいにした本とかもありますが、ある意味、数学という科目自体がキャラクターにできそうです。

数学は職人気質な師匠

いいですね。面白そう（笑）。

でも、いずみ先生に教わるまで、数学というのは、こういう職人気質の師匠みたいな人だとは思わなかったです。もっと計算ばかりしている、眼鏡をかけた「秀才くん」みたいな。だけど、ちがいましたね。

いずれにしても、数学は「気づいた人しかできないよ」というところは、本当に多いと思います。入試問題とかでもそれはたくさんあるので。しかし教科書はガイドブックではないので「こういうところを気をつけなさいよ」とまではいってくれていないんですよね。よくいえば、気づける人の楽しみを奪わないようにしているのかもしれませんが。

数学はデンと構えて、こっちには決して歩み寄って来てくれない感じがします。
たとえば、国語の問題とかは「30字以内で書きなさい」とか「はじめの3行を書きなさい」とかもあり、ヒントをくれます。すごくやさしい問題だと「5文字で書きなさい」となっていて、

本文中からちゃんとぴったり抜き出せる5文字があるので、わかるんです。でも数学は、そういうのはあんまりないですよね。どこかでヒントを与えてくれているのかもしれないけど、むしろ少ないヒントで解く、みたいなんですかね。

 数学は、レベル的に1から100あるとしたら、とくに大学の入試問題では、レベル20以上の問題が多いイメージです。

 レベル1〜20くらいは、わかってますよねというスタンスなんですね。でもそれこそ、いずみ先生が教えてくれたみたいに、「この問題は、これが聞かれているんですよ」とか「解き方は、2パターーンしかないですよ」などと問題の構造をはじめ、いろいろなことがわかると全然ちがうんですよね。

 それは、経験値を積むと、わかるということでもあります。

 たしかに経験値で問題の構造の見え方や、そもそもの視点も変わると思うんです。でも、経験値がない人は、いつまで経っても見えないんです。
たとえるならば、家を建てる予備知識が何もないなか、大工道具がいっぱいある土地に放り出された感じです。でも、最初に「ドリルはこういうときに使うんです」と「金槌は、こう使うんですよ」と説明があれば、ちがうんです。

 金槌は、釘を叩くときに使うんだなとか、道具の使い方をきちんと説明してもらえるとちがうかもしれないですね。そのような意味でいったら、「数学独特の言い回し」があるので、まずそ

の世界に慣れないといけないですね。

「数学独特の言い回し」は、いわば職人気質の師匠の口癖みたいね。

そうかもしれないです。「この人がこういう言い方をするときは、こういうことだよね」というわけですからね。

そういう職人気質のぶっきらぼうな師匠に付き合わなきゃいけない。たぶん、自分をはじめ数学が苦手な人は、師匠が何をいっているかわからなくて、結局、師匠とコミュニケーションすること自体をあきらめたんだと思います。

たしかに、数学の問題は自分から、あまりしゃべらない。あまりヒントをいってくれないですものね。

だからこそ、いずみ先生のように「数学独特の言い回し」の理解が活きるんでしょうね。

なるほど。自分で「数学独特の言い回し」を翻訳することが大事といいながら、あらためてその意味がわかりました（笑）。

数学という職人気質の師匠な学問について、師匠が説明をしてくれない背景や前提、行間的なこともふくめて、今回いずみ先生が解説してくれたから、いろいろとわかってきたんだと思います。

そういう意味では、たとえばベクトルを最初に教えるときのように「ベクトルというのは向きと大きさの2つの情報を持ってます！　だから、扱い方が今まで数学でやってきた数字とはちがってくるから、新しいゲームのルールを覚えるつもりで取り組んでね」などという翻訳しながらの解説は大切ですね。

ポイント！

▶数学の問題は解き方のヒントをあまり説明してくれないので、自分から「前提」や「背景」をつかむことが大事

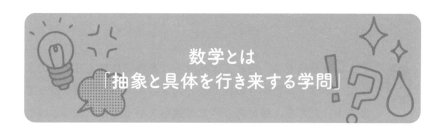

数学とは
「抽象と具体を行き来する学問」

数学で身につく力は、社会でも役に立つ

問題で「すべて答えなさい」といっているけど、じつは1つだったり、何もなかったりということもあるとわかりました。数学の問題というのは、とても意地悪なんだと思いました。

「口数が少ない」ともいってましたからね（苦笑）。

でも、一方で見方を変えれば、「AI時代」といわれている今、それもある意味、人間的な側面を感じます。たとえば、着ている服を本当は嫌味なんだけれど「すごく目立ってますね」と遠回しにいわれて、「それって嫌味？」と感じ取れるのはやっぱり人間ならではですよね。同じように、数学は言葉の表面上じゃないものも読み取る。ある意味、高等な人間の能力を鍛える学問かもしれないですね。

なるほど。**数学用語の翻訳というのは、人間ならではという点でも、やっぱり意味のあることじゃないかなと思います。**
数学を通して培った力というのは、社会に出たときに役立つはずです。新しい仕事をするときに、マニュアルや仕様書などを正しく読めないと、できませんよね。定義として書かれていることを正しく理解できる（自分勝手な理解をしない）というのは、社会生活を営むうえでもやはり大事です。「こういうルール

で考えてください」といわれたとき、その範囲で、できること
を考えるというのは生きていくうえで必要不可欠ですから。

数学って、今まで無機質な科目だと思っていたんです。それは
全部文字と数字であらわされているからそう感じるんですけど。
でも、問題自体は、ただ問題をひたすら解くというよりは、け
っこういろいろ想像したり、いろいろな発想をしたりするので、
イメージが変わりました。

高校数学は少しハードルは上がってしまいますが、単元ごとの
意味を1つひとつ、その必然性とかまで理解できると、より内
容がちゃんと有機的につながります。

「式」と「グラフ」は「抽象」と「具体」の行き来

数学はよくも悪くも式とグラフをからめてくる。だんだんわか
ってきたのが、式かグラフのどっちかで終わらせないのも数学
的なんですね。

そういわれると、そうですね。

言い方を変えると、抽象的なのと具体的なのを、けっこう行き
来する。グラフはけっこう具体的ですもんね。

具体と抽象の行き来で、具体的なのがグラフで、抽象的なのが
式。そう考えていいと思います。小学校でも、算数で図やグラ
フを描くことはやってきましたよね。中学になって「数学」と

呼び方が変わり、抽象化されてより論理的になっていくわけですね。「中学・高校の数学は、扱う内容が抽象的になってくるので、考え方もそれにシフトしていくことが求められる」ということも伝えていかなきゃいけないですね。というか、授業を通して、生徒に感じさせなきゃいけない。

アンドロメダ銀河までの距離が何十万km（36万〜38万km）というのも、数学の抽象的な思考がなせることだと思います。いくらロケットなどの技術が進歩しても、月までの距離を実際にメジャーでは測れないけれど、それがちゃんと計算できますよ、というところに抽象的な魅力がありますね。

振り返ると、小学校の算数だと、Aくんの家からBくんの家までの距離を求めるみたいな問題でした。でも、高校数学は、いってみれば、宇宙との距離まで計算できる。それくらいのレベル感、世界観、機能がありますね。それでいったら、伊能忠敬さんの日本地図もすごいですね。

伊能忠敬さんは、具体と抽象のミックスですよね。自分で歩いて、測量もやったから、頭の中だけじゃないというか。

逆に、ホーキング博士とか、アインシュタインは、たぶん頭の中の抽象的な思考もすごい。

たとえば、宇宙飛行士の若田光一さんは実際に宇宙に行っているけれど、逆にホーキング博士は頭の中でブラックホールをはじめ宇宙をいろいろ行き来できる。数学ってすごいのは、数学

者はある意味、頭の中で抽象を突き詰めると、現実的なものも解けちゃったりするところです。頭の中でブラックホールがあるとかもわかる。その後、実際にブラックホールは証明されて、撮影もされてましたよね。これは数学だけではなく、物理の世界でもありますけど。

やっぱり、計算でいくとこうなっているはずで、それによって「ここに何かが起こっている」というのが見つかっていくわけですよね。具体と抽象を行き来して、それを突き詰めたものが、何かの役に立つというところがすごいですよね。

世の中にあるすべての距離をメジャーで測ることはできないし、重さも量れない。そのような現実でできないことを、できるようにしてくれるのが理論だったり、抽象的なことだったりするのかなと思いました。

そして、具体例だと、あくまで点と点でバラバラだったものが、抽象化して考えたら、じつはこれとこれは一緒だったんだというのも見えたりします。

具体と抽象の行き来は、すごく大事なんですね。でも、そういうことに気づいていなかったので、よくわからないまま急にグラフが出てきて、めんどくさいと思ってしまうんです。

たしかに、「また、ここでグラフが出て」とおっしゃっていましたね（苦笑）。

177

グラフが出ると、また課題が1個増えるという感覚だったんですよ。でも、具体と抽象を行き来することによって、右脳と左脳みたいに、感覚と論理で理解できる。

具体と抽象を行き来することで、思考も訓練されていくんでしょうね。
そして定理や公式をはじめ、すでにうまくいく方法が発見されているものは、それを利用させてもらうと、その先のことを考えられる。そのなかで、「どうして、そういうふうにやるのだろう？」という疑問も出るでしょう。その疑問を、すぐに理解できる生徒もいるし、いろいろ問題を解いていると時間が経って、ある日突然「そうだったのか！」とわかる生徒もいます。だから、あまりこだわらないで、まずはやってみる精神で、数学は慣れてほしいですね。

その視点でいうと、定理や公式を使うというのは、たとえば料理番組でカリスマシェフが「こうやったら3分で手軽に美味しくできますよ」という調理方法でやってみたらという便利な知恵のようなものですよね。それでやったら、おいしく肉が焼けてとか。

そうですね。先人が見つけた、うまくいく便利な方法は使わせてもらいましょう。その方法に「なんで、そうするの？」と疑問を持つのはいいことだけれど、やってみると、その疑問もわかることもあるかもしれませんね。

ただ、ここでも数学は「関連するグラフや図と、式を行き来するのは大事だよ」「先人の発見した知恵を使おう」などは、ひと言もいわずに、わかる人はわかるよねというスタンスがまた、いやらしい。

 数学には、そういう「わかる人はわかるよね」というところがありますよね。

 「あえて、いわないけどね」というような。

 そう、あります、あります（笑）。「あえて、いわないけどね」という言葉が聞こえてきます。

 それこそ、「グラフや図をはじめ、具体と抽象を行き来することは大事だよ」って、教科書にコラムでもいいので書いてあってもと思います。

 まさに、具体と抽象を行き来すること自体、数学的思考のトレーニングになるってことですものね。

> ▶**具体と抽象を行き来することで、思考力は鍛えられていく**

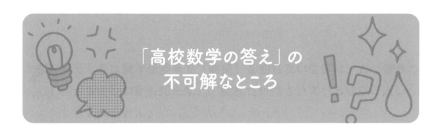

「高校数学の答え」の不可解なところ

高校数学って、結局どんな競技ですか？

高校数学がとっつきやすくなることや苦手意識をクリアすることは大事なんですけど、じゃあそれで問題が解けるようになるわけでもないというのも感じています。でも、自分もふくめてとっつきにくくて止まっている人も多いというのは、あらためてわかりました。苦手意識がクリアになって、ようやくそれでスタート地点に立てる感じですかね？

そうですね。高校数学という競技のルールもゴールもあやふやなまま、レースに参加して、困惑したまま終了してしまった人が一定数いるわけですよね。「高校数学は、より抽象化して論理的に思考する訓練をしている」と伝えられたら、もう少しなんとかなるのかもしれないですね。

そう、ルールもわからない、どうすれば勝ちかもわからない、そんな競技にいきなり放り込まれて。ところで、カバディって知っていますか？　インドで人気のあるスポーツで、「カバディ、カバディ、カバディ……」とかいって人をタッチすると、タッチされた人はどんどん手をつながれていって。これは、セパタクローでもいいんですけど。ルールもゴールもわからない競技にいきなり放り込まれて、とりあえずやってみたけど、やっぱりわからなかった。高校数学はそれに近いですね。

カバディという鬼ごっこというか格闘技ですよね。マンガで知りました。奥は深そうです。

高校数学は、急に何も知らされずにカバディの大会に、試合に出ることになったのに近い。たとえは、モンゴル相撲とかでもいいんです。日本の相撲は土俵に肩をついたり手をついたりしたら負けというのがわかるけれど、モンゴル相撲は相撲という言葉はついていますがルールがわからない。中学数学と高校数学は、日本の相撲とモンゴル相撲くらいちがうともいえますね、「数学」という言葉は同じでも、ルールやゴールがちがうという意味で。

ルールやゴールがわからないと、勝つ（＝解く）ためには何をすればいいかわからないですもんね。

高校数学の答えが「消化不良」な気持ち悪さ

ここまでいろいろと話を聞いて、あらためてわかってきました。具体的な数字で答えを求めるのが小学校の算数。高校数学の文字式というのは、どのような数字を代入しても通用する、ある意味、法則のようなものですね。
ただ、答えが「a^2+3a-8」のように文字式で終わってしまうのは、消化不良で「それでいいの？」という気持ち悪さみたいなものがありますが、高校数学の「答え」とは10とか20とか具体的な数字を出すものと思うところから脱却しないといけないですね。

そうです！　まずは中学の数学で、文字をふくむ式を扱いながら、それが答えとして成立していることを学んでいます。

文字式というのは、正直まだ完璧じゃない感じがするんですよね。でも、感覚的にわかりました。答えに対するイメージを「片づけ」でたとえるならば、実際に家の中を全部きれいに掃除をするのが小学校までの算数なんですね。ベランダは雑巾がけするとか、じゅうたんは掃除機でやるとか「片づけ方」を編み出したところで終わりにしちゃうのが中学や高校の数学。

なるほど、ユニークなとらえ方ですね。

答えが文字式で終わってしまう気持ち悪さって、目の前にもっと片づけたり、掃除ができたりするものがあるのに、そのままにしておくのと似ています。お風呂掃除はこの洗剤とブラシを使うところまでで、いわば「掃除のやり方」で止めるわけです。その気持ち悪さは、浴槽が汚れているのに拭かない感じです。

小学校では具体的な答えが出て気持ちよかったのに、中学、高校と抽象的になっていくにしたがって、スパっと具体的な答えを出さないことに違和感があるんですね。しかし、それは日常でもスパっと解決できることはあまりなく、考え方や方法論でアプローチしていくことが多いのと同じ感じではないでしょうか？

高校のときはそこがわからなかったし、今も高校数学のそこもなかなかついていけないですね。掃除をしてきれいにしたいのに、掃除の道具をそろえるだけで終わってしまうところが。あ

る意味、目の前は実際にきれいになっていないけれど、式という理論上ではきれいになるはずなんですよね。掃除以外でも、別のたとえでもそうですけど、たとえばプラモデルでもつくり方が見えたら終わり。本当はつくって完成させたいのに……。プラモデルがあって、接着剤と切る道具、色をつける材料が全部そろったら、はいそこで終わり。高校数学の答えは、まさに「モデル化」で止まるんですね。

 そのことを言い換えると、**再現性のある論理的思考をする練習**というのが高校数学ということなんだと思います。

 この高校数学のとらえ方は、自分が学生のときはまったくわかっていなかったです。まず「高校（中学）数学では、そのような目指すゴール地点（＝答え）が変わってしまったんですよ」ということも、その当時知りたかったです。このたとえは無限に出てくるんですけど、遠足の準備をしたらそれで終わりみたいな。「実際に遠足に行かないの？」と思うけれど、楽しい遠足にするために、弁当、ハンカチとか、必要なものをそろえたら終わり。

 たしかに高校数学は、「**より抽象化して論理的に再現性のある思考の訓練をしている**」という意識があるのとないのとでは、取り組み方がちがってくるかもしれませんね。

 ポイント！

▶**高校数学は、再現性のある論理的思考を練習する科目**

数学は知的好奇心を刺激する学問

偉人たちの世界に付き合うつもりで学ぼう

「具体」と「抽象」という点では、「小学校・中学校」と「高校」と分けられるかもしれないですね。小学校の算数は身近で直感的にもわかりやすいものを扱いましたよね。だから、教科はちがいますが、中学で学ぶニュートンの「重力」の理論もリンゴが木から落ちてくるのが……という具体的に理解できそうなエピソードの紹介からになりますよね。

じつは、高校数学で習う「微分積分」はニュートンが考えています。

へえ、ニュートンが「微分積分」を考えたんですね。考えた人がわかると、ちょっと親しみがわきました。それに、「人が考えた」ということを知ると、数学も少しは人間的に感じますね。ニュートンが「微分積分」の創始者というのも知らなくて、やっていたわけですから。

微分はニュートンとライプニッツが研究していたんです。どちらが考えたのかという論争も起こっていますね。のちに、ニュートンとライプニッツはそれぞれ独自に研究していたことが明らかになりました。

「微分」は、そんな歴史を経た理論を学んでいるんですね。そう考えると、数学の公式って、国語でいえば「ことわざ」みたいなものかもしれないですよね。国語だと「犬も歩けば棒に当たる」とか「豚に真珠」でもなんでもいいですが、昔から伝わっていることを数学では公式として伝えている。公式というのは、数学で昔から受け継がれている、「こうしたら、こうなる」という法則を表現しているということですね。

たしかに、ことわざは普遍的な例を挙げて教訓を伝え、公式は抽象化して時代が変わっても同じように考えられる法則を伝えているといえそうです。

「微分積分」について、はじめてちゃんと知ったんですけど、ニュートンとかライプニッツたちが考えた世界に付き合えばいいわけですよね。

「彼らの世界に付き合う」ってなんかかっこいい言い方ですね。そんなふうに思えたら、もっと楽しくなるかもしれないですね。

数学は2000年以上の歴史との対話!?

これまでの話をまとめると、数学というのは、ニュートンもそうですが、もっと昔の、究極的にはピタゴラスをはじめ2000年以上前から発見されている知恵を学べるところも魅力なのではないかと思いました。そして、その知恵を用いて数字をもとにいろいろ考えて導き出せる。ちょっと発想を変えると、数学を通して古代からの思考を学ぶというのは、ピラミッドを見たり、

名画を見たりするのと、遠くはないと思うんです。

そうかもしれないですね。モナリザやミケランジェロの作品を鑑賞するというほど優雅じゃないかもしれないけれど、数学も歴史的な産物ですよね。名画もバランスが美しい黄金比だったり、音楽も構成や音階に法則があったりして、「こんなことまで考えられるよ」という奥行きもふくめて、みんなが共通に感じ入るものが何かあるわけですよね。数学について、人によって魅力に感じるかどうかはちがうかもしれないですが、「何千年という歴史を経て、今も語り継がれている」という深さを知ることは決して損じゃないですよね。

あと、たとえば計算機でやれば、簡単に出るものもたくさんありますけど、数学はそれを自分の頭で考えてやることで、導き出し方も身につくというところもあるんじゃないかと思います。全部を機械でできても、その原理とか仕組みとかは知っておいたほうがいい気がします。なぜかまでは説明しきれないですが、なんでなんですかね？

たとえばスマホは小学生でも使えますが、スマホをつくった人と、ただ使っている人の差は果てしなく大きいじゃないですか。何もわからなくても、ボタンを押したらできるよというのと、こういう仕組みでそうなるというのがわかっているのとでは、きっと見えている世界がちがいますよね。

ただ使えるのと、どんな仕組みか知っているかというのはたしかにちがいますね。

原理を知ったりして、「どうしてそうなっているのか？」と興味を持つ態度は、知的好奇心を刺激する、高めるうえでも大事な気がします。

ゲームでも、コンピュータの言語をどう組めばいいか、プログラミングを知っていてゲームをつくれる人と、ゲームを遊ぶだけの人とでは全然ちがいますね。そもそも、「仕組み」や「原理」を知っていると何がいいんでしょうか？

まず原理がわかると単純に楽しいですよね。それに、原理や仕組みがわかると、見えてくる世界も変わりますよね。たとえば、ものごとを構造的に見ることができる、ということでしょうか。

「日常で役に立つか」だけの判断は寂しい

自分は学生の頃からですけど、「数学って、本当に日常で役に立つのか？」と思っていました。そのときの結論としては「役に立たなそうだから、勉強する意味がないんじゃないか」と。でも、今思うと「日常で役に立つかどうか」というのが学ぶための本質的な軸じゃないのかもしれないですね。

「日常的に役に立たない」というのは、数学をやらない理由によく挙げられてますね。ただ、だんだん教養論にもなってくるんですけど、じゃあ日本史を学んだからすぐに役に立つかというのともちがう。それに数学は、裁縫のように習ったらすぐに縫えるようになるわけじゃない世界ですよね。今、「教養」というのも見直されていますが、必ずしもすぐに役に立たないけれど

も人生が豊かになる、という視点も大切な気がします。

 そう思うと、「役に立つかどうか」だけで学ぶものを考えるのは
寂しい気もしてきました。

 「数学をなぜ学びたいと思うのか」「数学を学ぶ意味は何なのか」
と考えたときに、意味など何もなくても単純に「もっと知りた
い」という知識欲ってある気がします。日本史や世界史の学び
直しの本が大人に売れているのも、それは単純に、知ると人生
が豊かに楽しくなるからじゃないでしょうか。

ポイント！

> ▶「もっと知りたい」から学ぶというのは大切な動機

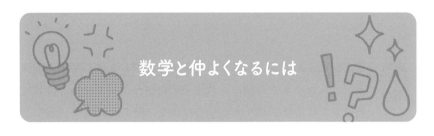

数学と仲よくなるには

できるから、面白くなる

知らないと恥ずかしいというマイナス的な心理から、知るとよりもっと面白くなる、考えが豊かになるというプラスの心理まで、人が何かを学ぼうと心を動かすきっかけはさまざまです。でも、パズルとか、それこそテトリスや数独でもいいし、知恵の輪みたいなのでもいいし、別に目的がなくても、解けたら面白いみたいな単純な動機もありますよね。

はい、「できるとうれしい」というのは子どものときからありますよね。パズルを解く楽しみ、解けた快感。そして、解決や完成したという達成感。

たしかに、「できる」という感触がすごく大事なのではないかと思います。テレビでクイズ番組が流行っているのも、自分が答えられるのがうれしいから、というのもある気がしますし。高校数学もアプローチしだいで、見え方がちがってくるのではないでしょうか？　高校数学を、もうちょっと「できそう」という感じで演出できないものなんですか？

できそうなところだけ集めて、見せるというのはやれそうですね。実際に、そうしないと食いついてくれないですよね。数学はそもそもやる気が起こらないという生徒もいますから。

189

そこはたぶん心理学的にすごく大事な気がします。将棋の羽生善治さんが小学生の頃に、八王子の将棋クラブで将棋をはじめたとき、普通は10級くらいからなのを、そこの先生が18級などともっと手前の級をつくって、どんどん級が上がっていく楽しさを味わってもらうようにしたそうです。「できる」とどんどん将棋が面白くなっていき、もちろん羽生善治さんはもともと素質も才能もあると思いますが、伸びていった背景にはそれもあるんじゃないでしょうか。

できるから、もっとやる。そして、やるからもっとできるようになる。逆にいえば、できると思っていないと、そもそもやらないということですよね。

思い出したのですが、以前、考えることが大好きな生徒が「わたし、日本ジュニア数学オリンピック（JJMO）の予選に出たことがあるんだ」といっていました。日本数学オリンピックは「JMO」といいますが、中学生や小学生が取り組むジュニア向けの日本数学オリンピックがJJMOです（その先にIMOという国際数学オリンピックの大会があります）。そのジュニア向けの日本数学オリンピックは、もちろん問題は難しいです。

しかし、名前は似ていますが、算数オリンピックという小中学生向けの思考力を問う問題は意外と敷居が低くて、頭の体操みたいな感じで、解けると楽しいです。「オリンピック」という名前が付いている問題を解けると、単純にうれしいんです。「正方形上に点が等間隔に25個あって、この点を結んで何種類正方形がつくれるか」などという、とっつきやすい問題もあります。

そういう頭の体操のようなものは自分もけっこう好きですね。「四角の中に、正方形が何個ある」とかいう問題もよくありますね。

 それもやっぱり解くのが楽しい。そして、解けるとうれしいですよね。「自分はできるんだ！」と、それこそ自信にもつながる気がします。

数学という「ゲーム」をクリアする楽しさ

 解けると楽しいというのは、ゲームがそうです。そう考えると、数学は「究極の頭脳ゲーム」みたいな気がしますよね。

 「ゲーム」と考えてもいいかもしれないですね。数学は、いわば2000年以上前の人から現代の数学者までが編み出した「究極の頭脳ゲーム」の思考が学べる。

 ゲームと考えると、またちがった視点で数学のことを受けとめられる気がしてきました。というのも、たとえば、「リアル脱出ゲーム」という謎解きがありますが、そういうゲームと同じで、お題を与えられて、解くというのは単純に楽しいんでしょうね。推理小説を読むのもそうでしょう。犯人がわかったという楽しさ（小説は読むだけなので、ちょっと受け身ですけど）。

 問題をクリアするのが純粋に楽しいんですよね。

ちなみに、うちの母は子どもの頃、釣り糸とかがこんがらがっているのをほどくのが好きだったらしいんです。母の兄弟からぐちゃぐちゃになった釣り糸を渡されて、ふつうめんどくさそうに思いますが、本人はそれが楽しいらしく。自分は「変わっているな」と思いながら、その話を聞いていたんですけど。好きな人には、それが楽しい。数学には、一部そういうマニアックさみたいなのもある気がします。万人がこの楽しみを味わえるわけじゃないけど、糸をほどいて1本にするのは、すごく大変だけど、できたら楽しいという。

そうですよね。数学の「きっと、こうなるのではないか?」というひらめきは、経験を重ねることで得られます。結果、うまくいったらうれしい。そして、それが速くできたらもっとうれしい。
この間、生徒がルービックキュービックを持ってきて「ずっとやってたら、めっちゃ速くなったよ」と、わたしの前で見せてくれました。わたしはまったくできませんが、「何かができるようになる」というのは、いくつになっても人間はうれしいってことですよね。

それはけっこう根源的なもので、高校数学にも通じるかもしれないですね。ルービックキューブも、たまたま1回できたんじゃなくて、何回もやってできるようになる。高校数学はそれが顕著です。中学数学くらいまでは1問パッと解ければいいみたいな感じでしたが、高校数学は1つひとつの単元がルービックキューブレベルです。挑むのもすごいですし、それで答えを出せるというのもすごい。

できないとストレスがたまる。だからこそ、高校数学はできたときの達成感は、中学数学の何倍もありますね。なかには、東大入試をはじめ超絶難問といわれるものが好きな人もいます。それが世の中のメインではありませんが、そんなの無理と思う人もいれば、がんばれば自分もできるかも、と思える人もいます。人間って、やれそうだと思うと元気が出ますよね。

元気が出ますね。そういえば、「自己効力感」という心理学の話で、「効力予期」と「結果予期」というのがあるそうです。「効力予期」というのは、自分にはそういう望んだ結果を生み出す行動ができる。つまり、「自分ならできる」ということ。「結果予期」は、そのためにはこうすれば、この行動をすればできると思うことらしいです。そして、「できそう」と思うから、やるのだそうです。

人間ってはじめから、できそうもないことは取り組まないですよね。志望校を尋ねると、「東大」という生徒がいます。「東大」って口から出ること自体が、本人が「自分は行けるんじゃないか」と思っているからであって。絶対に無理と思っている生徒は、「東大」といいません。「結果予期」でいうと、東大に入るための行動がわかるから、勉強しようと思う。それが、勉強すれば、できるという自信につながっていくわけですね。

これは勉強だけでなく、あらゆることにいえますね。まず「効力予期」があるから取り組むし、「結果予期」があるから、根拠となる自信になる。

まず、取り組むから、「どうやったらできるかな？」というのが わかる。それがわかったから、ずっとやり続ければいつかでき ると思える。それだけでも勇気が湧きますよね、ワクワクする というか。「いつかできるぞ！」って。

 そうすると、数学って「自己効力感」とも関連する学問なんで すね。日本史や世界史などの歴史の科目は、この年に何が起こ ったかを覚える暗記科目かもしれないじゃないですか。一方、数 学は自己効力感を高めていくことで解けるという。

 前はわからなかったことがわかったりしますからね。

 数学は「計算力」や「論理的思考」と同時に、効力を予期して、 結果を予期できれば解ける。

 実際に、取り組むことによって、勉強する時間数も増えて、そ の結果できるようになってきますよね。この問題も解けたから、 またこれも解ける。これができたんだから、きっとできるだろ うと。
逆に取り組もうとしないと自己効力感が低いままなので、でき ないという気持ちがふくらみ、より傷つくんだと思います。

あらためて高校で数学が苦手になる理由

 取り組んで、できるようになると、どんどんレベルアップする感じですね。逆にできないと、どんどん取り組まなくなる。これ、すごく分かれると思うんです。勝ち組と落ちこぼれ組の……それこそ、まさに二極化じゃないですかね。

出発点はみんなゼロですが、小学校、中学校と坂道を上るように上がって、高校になって上がるのと、一気に落ちるのに分かれる。僕自身がそうですが、「落ちこぼれ」という認識はありましたが、どこで落ちたかが、あらためてわかりました。

 高校になってできるか、できないかが決定的になるわけですね。なぜなら高校数学は、問題をパターンで答えるのではなく、中学で学習したことをもとに思考する部分が多くなっているから。

 小学校、中学校でドロップアウトする人もいるかもしれないけれど、やっぱり分岐点となるのは高校数学ですね。小中までは同じ流れで、高校数学に大きな壁があるんです。急に変化するんです。

 そうですね。条件反射では解けなくなるという壁ですね。

 しかも高校数学は、中学数学からの変化が説明なしにくるんです。まず、小学校の「算数」だったのが、中学では「数学」と呼び名が変わったことで、また扱う世界というか競技が変わったことをちゃんと予告してくれているんです。でも、高校でも中学と同じ「数学」という競技名なのに、じつは予告なしに競

技自体が変わっているんです。

同じ楕円形のボールを扱う競技でも、中学数学と高校数学は、ラグビーとアメフトくらいルールもプレーもちがうのに。

なるほど、一見似ていると思うけれど、競技がちがっているという。じつは競技が変わっていることに、勘のいい子だけは、「あれ、アメフト（高校数学）って、今までやっていたラグビー（中学数学）とちがうぞ？」となって、新たな競技に適応するわけですかね。

ラグビーもアメフトも、ボールを相手の陣地の向こうにやる、ということ自体は共通していますが、それは「問題を解く」レベルの共通です。けっこう自分はラグビー（＝中学数学）がうまいんじゃないとか思っていたのが、通用しなくなった。「あれ？俺ってうまかったよね。なんで？」みたいなほうが、余計にダメージが大きい。

できると思って、できないと、つらいですよね。

たしかに、自分も高校に入って数学の点数が急に悪くなって、「あれ、なんでだろう？」と思う時期がありました。でも、最初はその現実を認められない。

「あれ？」とか「おかしいなあ？」という時期にフォローしてあげれば、まだ救えたかもしれないですよね。だって、自分はそこそこできると思っているんだから。まだ、心までは折れていないわけです。

それが「もう、できないんだ……」とダメになると、はい上がるのはけっこう大変です。今度は「できない」という固定観念が強くなって、もう凝り固まっているので、そこをほぐしたりしなきゃいけないので。

 そうなると、まずほぐすことに時間も労力もかかるということですね。一方で、数学がちょっとできると思うだけでも、自己効力感にもすごくつながる。

 わりと臨む姿勢も大事ということですね。乗り切れるかどうかは「自分はけっこうできるかもしれない」という自己効力感が大きい。もっと広い意味でとらえると、自己肯定感。

 数学が自己肯定感にもつながる「自己効力感」が感じられる教科になるんだったら、やっぱりそこでできたほうが楽しいし、気持ち的にも楽ですよね。「できる」というのが自信になって、「だったら、こういうこともできるんじゃないか」と前向きに考えられますよね。

まず、高校数学への「恐怖」をなくそう

 取り組もうと思うには、ほどよい難易度というのも大事な気がします。まったく簡単すぎるとつまらなくなるのですが、手に負えないのもどうかと。
恐怖というのは、物事の実態がわからないからくるらしい、とよくいわれています。高校数学は、自分にとってはある意味、最終的には恐怖でしたね。

不安というよりも、恐れなんですね。

「高校数学」というものの実態が、さきほどの「職人気質な師匠」というキャラクター化じゃないですけど、わかるとやっぱり恐怖感は減りますね。実際に解けるか、解けないかはまた別でも、恐怖感がなくなれば、挑もうとは思えます。
その「恐怖感」みたいなのが、高校数学に対する「アレルギー」のようものの正体かもしれないです。だから、高校の数学の最初の授業で、1時間くらいそんな話をしてもらいたいです。

「これから学習する数学は……。これまで中学で勉強してきた数学（パターンで解く、条件反射で解く感じ）ではなく、中学で学習したことをもとに、思考していく部分が多くなります」みたいな。

そうそう！

「数学が得意で自信がある人は、そこに気をつけて、ますます得意になってね！」みたいな。「ちょっとわかりにくいことがあっても、自分がバカになったわけじゃないからね。個人差もあるから、すぐにわかる子もいるかもしれないけれど、1回でわからなくても、じっくりやるとわかってきたりするから。そこはちょっと粘り強くがんばってください」とかって、伝えてあげることは大事かもしれませんね。

「中学数学と高校数学は文字式を使っているのは同じだけれど、高校数学は問題を解くときに1つの単元の知識だけでは解けな

かったりします。だから、苦手な単元を1つを捨てると、ほかの単元もわからなくなるから、あきらめずにコツコツがんばりましょう」みたいな話もぜひ！ 「高校数学の正体」を知ることとともに、粘り強くついていくことも大事だと思います。

さらにいえば、自分の理解度に合った解くための考え方を増やしていくというのがカギですね。

高校になって数学で落ちこぼれた代表として、この本は、「高校数学」の使い方がわかるという側面もありますが、使う以前の部分にクローズアップしたことにも少なからず意味があると思います。「高校数学って、そもそもなんなのか？」を掘り下げているという。「それは、そういうものだから」というところを通過せずに、数学に対する「恐怖」にまで注目したのは意義がある気がします。

自画自賛は少し気になりますが（苦笑）、それはさておき数学に対する恐怖心を取り除いて「学ぶきっかけづくり」というのは大事ですよね。

ただ高校数学はそのような飽くなき難問に挑んだりする人もいる世界に、そんな高みをめざしていない自分のような人も、みんな付き合わなきゃいけないところはありますよね。率直にいうと、中学数学くらいまでは付き合ってあげられるけど、高校数学はちょっとヘビーで。「もういいわ……」となってしまうわけですね。

なるほど、高校数学はさきほど話したように、条件反射で解ける問題ではないことを意識せず、中学までの数学のようにパターンで解こうとすると行き詰まります。挫折してしまうわけですね。「はじめに」でも書きましたが、数学はやっぱり練習して、解けるようになるんです。

高校数学は中学の学習をもとに何度も思考することで、自分なりに法則のようなものがわかってくるんですよね。そういう意味では試行錯誤をしてこそ、自分のものになり、恒常的にできるようになる。それがモチベーションにもつながる。

そのような意味では、今回「高校数学の正体」というのが自分なりにわかったことで、必要以上の壁はなくなったと思います。

数学が好きになるために、得意になるために「考える→わかる→練習する→できる→面白くなる→もっとやろうと思う→もっとできるようになる」というプラスのサイクルを、苦手な人にこそ知ってほしいですね。

数学の先生の中には数学が得意な方が多いですが、私は学生時代に飛び抜けて数学が得意でもなかったんです。でも今、わたしが数学を教え続けているのは、自分が得意なほうではなかったから、同じようにあのときのわたしのような困っている人の役に立てたらうれしいというのが大きいかもしれないですね。数学がネックで進路をあきらめるというのは残念だから。まずは数学を解ける達成感を知って、楽しくなってほしいです。

おわりに

　最後に、この本を通してずっとお伝えしてきた「中学までは数学が得意だったのに、高校で落ちこぼれる原因（と解決策も）」と「対策」について、これまで30000人以上の生徒を見てきた経験から、まとめてみました。

原因1　高校数学の抽象度の高さ、スピードの速さ

　打開するには、あらためて「定義」を中学から戻って確認をすると、「考える土台」と「問題のいっている意味」がとらえられるようになります。

　でも、多くの人はここをあいまいなままにして、計算することばかりに終始してしまうので、条件反射的な対応しかできなく、理解が深まる機会を逃しています。

　問題がどういう背景で、どうとらえて考えるのかを解説してくれる人（先生や塾、家庭教師、動画、添削、参考書）を見つけることも有効です。

「数学的な考え方（＝問題の背景や意図をつかむ）」や「数学独特の言い回し」「場合分け」などをはじめ、「こういうときは、こうする」ということを中心に何度も勉強しましょう。

　個人差はありますが、だんだん自分でも「この問題では何をしたらいいのか」がわかるようになります。そうやって、落ちこぼれていたと思われる生徒も、時間をかければ入試問題も解けるようになります。

たとえば、私が長年携わってきたＺ会の添削の問題は、「数学的な考え方」を身につけるための格好の練習台といえます。難易度は高いですが、東大・京大などの難関校を目指す人にはいい問題です。ただしレベルは高いので、基礎ができてから取り組むことをおすすめします。

原因2　パターンで乗り切ろうとしている

　塾によっては、一定のパターンの問題を練習させることで、そこそこの点を取らせる手法をとっているところもあります。同じようなパターンの問題をたくさんやれば、なんとかなると思っている方も多いのですが、高校数学は中学よりも範囲も広く量も多く、抽象化されていくので、思考する練習なしに繰り返していても、点数は取れません。
　対策としては、ここでも「数学的な考え方」を解説してくれているものを見つけることです。自分にとってわかりやすいと思う参考書を本屋さんで見つけるのも、その1つです。最近は教育系のYouTubeもたくさんあるので、ツールをふくめて自分と相性のいいものを見つけてみてください。直接教えてもらえる家庭教師や個別指導の塾で、自分にとってわかりやすい解説をしてくれる人を見つけられればより効果的です。
　私も、多くはありませんがYou Tubeで動画をあげております（検索する場合は、「石原泉」でお願いします）。内容は、生徒からよく質問があったところや、復習してもらいたいものなど、そして、入試問題で気になったものなどです。興味がありましたら、ぜひ一度のぞいてみてください。

また、教科書の内容をひと通り終了した人向けとして、これもＺ会なのですが、一般の本屋さんにも置いてある『チェック＆リピート』というシリーズの問題集は、入試の頻出問題に取り組む際にはおすすめです。しかし、これも書いてある解説では理解しにくいという箇所もあると思われるので、解説をしてくれる人を見つけておくと理想的です。

原因3　学習習慣がない

　最近よくあるのは、中学まで塾に行っていて、高校になって塾に行かずに（高校は各校で進度が異なるので、学習塾自体が実質少ない）自分で学習しているパターンです。
　中学のときは塾で学習していたため家で学習する習慣がない生徒も多く、高校になって数学の学習をする時間を確保できていないのです。
　対策としては、まず、1日1時間は数学を家庭学習する習慣をつけること。内容は、予習として教科書を読む。学校の問題集をやる。宿題をやることなど、基本的なことからで大丈夫です。

まとめ

　多くの生徒を見てきて、これら3つを満たしている生徒は、ほぼほぼ結果を出しています。
　「定義」があやふやでは問題は解けません。条件反射では乗り切れません。同じパターンの問題を解いてばかりでは、ちょっとちがう問題が出ると対応できません。また、学習時間が不足して習熟度が足りな

いと、こぼれてしまいます。

　高校数学は抽象的な問題を扱うので、「数学的な考え方」を学ぶトレーニング（いわば論理的な思考をする練習）をたくさんした人が得意になっていくのだと思います。それをコツコツ積み重ねていくうちに、「わかる！」という瞬間がきます。そして、今度は数学と仲よくなれると思います。

石原　泉（いしはら　いずみ）
公文国際学園数学講師。Ｚ会進学教室数学講師。1964年北海道生まれ。岐阜県公立中学校教諭を経て、難関大に強いＺ会の東大・京大理系コースの添削者となる。Ｚ会での15年間にわたる添削者としての経験で培った、生徒の立場になって問題を「翻訳」する正答へのアプローチ、より具体的な例を用いてかみ砕いた解説に定評がある（Ｚ会における表彰実績もあり）。また、大学受験のバイブル「赤本」の執筆者として５年間携わる。自分の子どもたちにも独自の理論を教えた結果、高校数学を楽に乗り切ることに成功し、長男は2009年京都大学工学部、次男は2013年東北大学工学部に進学。学校、予備校、Ｚ会の添削等で指導した生徒はのべ30000人を超え、旧帝大をはじめ国立大、医歯薬系大学にも多数合格実績を持つ。

そういうことだったのか！　高校数学（こうこうすうがく）

2021年10月１日　初版発行

著　者　石原　泉　©I.Ishihara 2021
発行者　杉本淳一

発行所　株式会社日本実業出版社　東京都新宿区市谷本村町３−29 〒162-0845

　　　　編集部　☎03−3268−5651
　　　　営業部　☎03−3268−5161　　振　替　00170−1−25349
　　　　　　　　　　　　　　　　　　　https://www.njg.co.jp/

印 刷・製 本／リーブルテック

ISBN 978-4-534-05878-2　Printed in JAPAN

日本実業出版社の数学の本

下記の価格は消費税（10%）を含む金額です。

数IA・数IIB・数IIICがこの1冊でいっきにわかる
もう一度高校数学

高橋 一雄
定価 3080円 （税込）

つまづきやすい、間違えやすい、難解な箇所を、1つひとつ「立ち止まりながら」ヒントや解法を「わかりやすい授業を受けている」ような感覚で「高校数学」を最短最速でマスターできます。

中学3年分の数学がこの1冊でいっきにわかる
もう一度中学数学

岡部 恒治・牛場 正則・
石田 唯之
定価 2640円 （税込）

間違えやすい、悩みやすい箇所で「共感する言葉」とともにやさしく丁寧に解法の手順を示し、「わかりやすい授業」を受けているような感覚で、「中学数学」を最短最速でマスターできます。

はたらく数学
25の「仕事」でわかる、数学の本当の使われ方

篠崎菜穂子 著
公益財団法人
日本数学検定協会 監修
定価 1540円 （税込）

「数学は本当に役立つの？」「どこで使うの？」という素朴な疑問を解説。美容師、パティシエ、パイロット、薬剤師、天文学者、プログラマなど25の仕事のエピソードで大人も子どもも楽しく読めます。

中学数学のつまずきどころが
7日間でやり直せる授業

西口 正
定価 1650円 （税込）

計算、方程式、文章題、図形など中学数学で苦手になりやすいところを7日間で克服できるように丁寧に解説。身近な例で考える方法、計算力をつける裏技をはじめ、"嫌い"が"好き"に変わります。

定価変更の場合はご了承ください。